Neha Omgy

Comercialização de quitosano obtido a partir de resíduos marinhos

Neha Omgy

Comercialização de quitosano obtido a partir de resíduos marinhos

ScienciaScripts

Imprint

Any brand names and product names mentioned in this book are subject to trademark, brand or patent protection and are trademarks or registered trademarks of their respective holders. The use of brand names, product names, common names, trade names, product descriptions etc. even without a particular marking in this work is in no way to be construed to mean that such names may be regarded as unrestricted in respect of trademark and brand protection legislation and could thus be used by anyone.

Cover image: www.ingimage.com

This book is a translation from the original published under ISBN 978-620-7-84170-7.

Publisher:
Sciencia Scripts
is a trademark of
Dodo Books Indian Ocean Ltd. and OmniScriptum S.R.L publishing group

120 High Road, East Finchley, London, N2 9ED, United Kingdom
Str. Armeneasca 28/1, office 1, Chisinau MD-2012, Republic of Moldova, Europe
Printed at: see last page
ISBN: 978-620-7-90491-4

Índice

1. INTRODUÇÃO

A quitina é considerada o segundo polímero natural a seguir à celulose, com a unidade estrutural de N-acetilglucosamina ligada por ligações β-1,4. Está presente na parede celular dos fungos superiores, nos exosqueletos dos insectos e nas carapaças dos crustáceos. A maioria das indústrias de transformação de marisco contém quitina nos resíduos marinhos transformados. Estes resíduos podem causar grandes problemas ambientais devido à sua fácil deterioração. Estes resíduos quitinosos são degradados através de processos químicos como a desmineralização e a desproteinização, o que causa problemas de corrosão, baixo rendimento e custos elevados. Sendo um método mais ecológico e económico em comparação com o método químico de degradação da quitina, o método enzimático pode ser adotado como alternativa.

As quitinases são um conjunto de enzimas produzidas por várias bactérias, actinomicetos, fungos e também por plantas superiores. As quitinases desempenham um papel importante na degradação dos resíduos quitinosos da indústria do marisco, mantendo assim o equilíbrio entre o carbono e o azoto no ambiente através da utilização de resíduos de crustáceos. Os resíduos de caranguejo e de camarão são considerados como uma fonte importante de quitina. A presença de micróbios quitinolíticos indica a disponibilidade de quitina no solo. As quitinases também desempenham um papel importante em muitas áreas, como a produção de proteínas unicelulares, factores de crescimento, controlo de mosquitos, agente de biocontrolo de agentes patogénicos fúngicos e isolamento de protoplastos fúngicos. Assim, a necessidade de produção de quitinase microbiana aumentou, servindo dois objectivos: (i) reduzir os riscos ambientais e (ii) aumentar a produção de produtos de valor acrescentado industrialmente importantes. Assim, o presente estudo centrou-se no isolamento, seleção e caraterização de produtores de quitinase a partir de amostras de resíduos marinhos recolhidos em Kerala.

A quitina é considerada o segundo recurso orgânico mais abundante na Terra, a seguir à celulose, e está presente em invertebrados marinhos, insectos, fungos e leveduras. A quitina e os seus derivados têm um elevado valor económico devido às suas actividades biológicas versáteis e aplicações agroquímicas. A quitina não é solúvel em água ou na maioria dos solventes orgânicos. No entanto, o quitosano, preparado a partir de quitina (geralmente de origem de caranguejo ou casca de camarão) através de N-desacetilação química, é solúvel em água e possui propriedades biológicas, tais como elevada biocompatibilidade e actividades antimicrobianas.

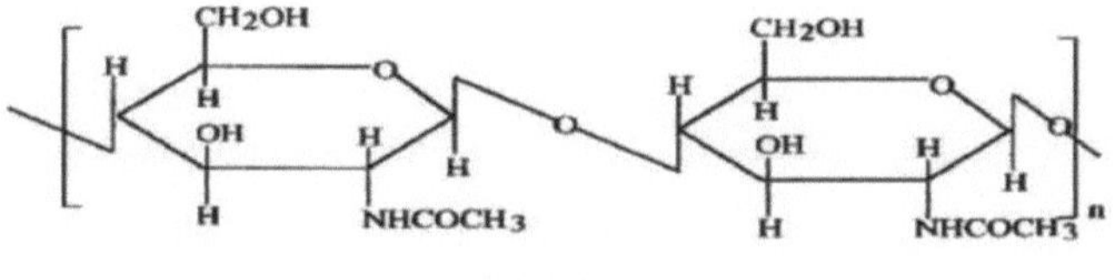

Chitin

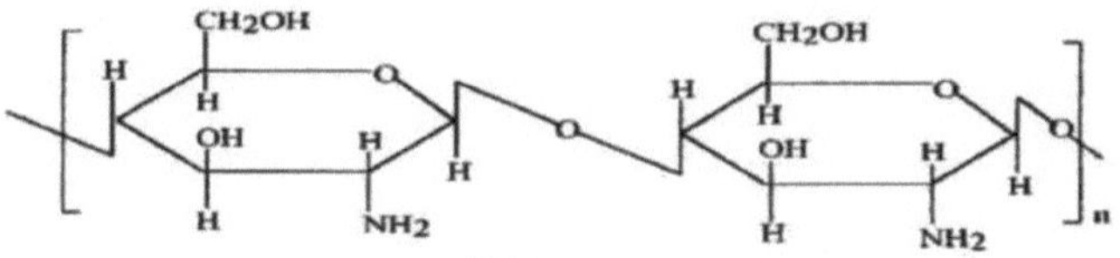

Chitosan

O quitosano é amplamente utilizado em aplicações médicas, incluindo a terapia antitumoral e o controlo do colesterol, em membranas medicinais, pensos para feridas e materiais medicinais de libertação controlada. Recentemente, o quitosano também tem sido utilizado como substância natural para melhorar a germinação de sementes e o crescimento das plantas e também como biopesticida ecológico para reforçar os mecanismos inatos de defesa das plantas contra infecções fúngicas. Atualmente, o quitosano é produzido através da desacetilação termoquímica da quitina. Assim, um método mediado por estirpes bacterianas amigas do ambiente pode ser utilizado com êxito para a desacetilação enzimática da quitina, especialmente quando é necessário um processo controlado e bem definido.

A quitina desacetilase (CDA), identificada pela primeira vez e parcialmente purificada a partir de extractos do fungo Mucor rouxii, é a enzima que catalisa a conversão da quitina em quitosano através da desacetilação de resíduos de N-acetil-D-glucosamina (Figura 1). A presença desta atividade enzimática também foi registada em vários outros fungos e em alguns insectos. A enzima é uma glicoproteína ácida de ~75 kDa com 30% (w/w) de hidratos de carbono, apresenta uma estabilidade térmica notável à sua temperatura óptima (50°C) e exibe uma vasta gama de pH óptimos. Uma das propriedades interessantes com aplicação biotecnológica é o facto de não serem inibidas pelo acetato, um produto da reação de desacetilação. Atualmente, o quitosano é produzido a partir da quitina através de um método de pirólise química com NaOH. Este método apresenta alguns problemas, como a poluição ambiental, o elevado consumo de energia e a má qualidade do quitosano resultante. A utilização de fungos produtores de CDA para a N-desacetilação da quitina poderia teoricamente contornar estes problemas, mas as capacidades de produção de CDA da maioria das estirpes de fungos são baixas e os seus requisitos de fermentação são complicados. Por conseguinte, foi iniciada uma pesquisa para encontrar uma estirpe mais adequada de bactérias produtoras de CDA para substituir as actuais estirpes de fungos. A biotransformação da quitina em quitosano por bactérias pode ser utilizada num processo económico e amigo do ambiente. As bactérias são mais fáceis e rápidas do que os fungos para crescer num sistema de fermentação em grande escala. Além disso, as bactérias podem ser utilizadas sem a necessidade de purificar a enzima.

A bioconversão dos resíduos quitinosos desperdiçados em valiosos quitooligossacáridos envolve procedimentos como a desproteinização, a desmineralização ou a hidrólise. Estes procedimentos foram anteriormente efectuados com corrosivos sólidos e bases que incorporam baixos rendimentos, elevados níveis de despesas e problemas de consumo. O substituto potencial para resolver este problema é a gestão de resíduos de quitina por quitinase. As proteínas glicosil-hidrolase (EC 3.2.2.14), também conhecidas como quitinases, podem clivar as ligações 1, 4 das unidades de N-acetilglucosamina, hidrolisar a quitina em quitooligossacáridos [(GlcNAc)n] e atuar como catalisador na degradação da quitina. Os oligómeros de quitosano (um grupo de quitina N-desacetilada com diferentes graus de desacetilação) e outros derivados da degradação da quitina por hidrólise composta ou enzimática são utilizados em vários domínios da farmácia, horticultura, biotecnologia e administração de resíduos.

A quitinase é produzida naturalmente por micróbios, fungos, plantas, insectos e animais. Entre elas, a quitinase produzida por micróbios tem sido cada vez mais considerada e, potencialmente, responde a duas necessidades: (1) diminui os perigos ecológicos da administração de resíduos e (2) pode aumentar o valor dos produtos degradados. Consequentemente, as quitinases bacterianas marinhas são atualmente consideradas como uma das potenciais enzimas para esta aplicação.

Foi relatado que muitos géneros de bactérias marinhas produzem quitinase, como Alcaligenes, Bacillus, Vibrio, Acinetobacter e Streptomyces rimosu. No entanto, a maioria das bactérias marinhas naturais não consegue produzir quantidades elevadas de quitinase com a máxima atividade e estabilidade. É essencial identificar, isolar uma estirpe bacteriana potencial e otimizar as condições de cultura para maximizar a produção de uma forma rentável. Como referem Baas Becking e Beijerincken12 , "tudo está em todo o lado, mas o ambiente é que selecciona", a maioria dos géneros bacterianos que prosperam no local de eliminação do lixo marinho teriam a capacidade de degradar a quitina. Assim, o sítio de eliminação de resíduos marinhos deve ser uma fonte potencial para identificar e isolar uma bactéria produtora de quitinase adequada.

O isolamento da quitina de crustáceos como o lagostim, o caranguejo, o camarão e outros organismos como os fungos é um processo moroso. Requer 17-72 horas, incluindo 1-24 horas de tratamento com HCl e 16-48 horas de processamento com NaOH. Os procedimentos morosos para o isolamento da quitina requerem mais energia e, em contrapartida, aumentam o custo de produção. Tal como os caranguejos e os camarões, as cracas também pertencem à família dos crustáceos. As estruturas das conchas das espécies de cracas são menos cristalinas e contêm mais minerais do que outros membros da família dos crustáceos. Estes minerais são compostos principalmente por calcite e fosfato de cálcio.

Foi demonstrado que estes dois materiais minerais na carapaça podem ser facilmente removidos da estrutura da carapaça utilizando HCl. Nessas criaturas, a proteína tem apenas algumas ligações fracas com a quitina, pelo que pode ser facilmente removida devido à estrutura pouco cristalina da carapaça das espécies de cracas. Por conseguinte, espera-se que o isolamento da quitina das espécies de cracas seja um processo relativamente rápido. *A Chelonibia patulais* é uma espécie de craca do subfilo Crustacea que vive epizoicamente em animais como tartarugas, caranguejos, baleias e moluscos, ou em rochas à beira-mar onde há águas pouco profundas. Num procedimento para o isolamento de quitina das conchas de *C. patula*, estas devem ser desmineralizadas em HCl 1M durante 10 minutos e desproteinizadas em NaOH 2M durante 20 minutos. A conclusão de todo o processo demora apenas meia hora. Começa-se por pingar uma solução de HCl 1M em 10g do pó obtido a partir de cascas de *C. patula* moídas, seguido de agitação durante 10 min com um agitador magnético à temperatura ambiente. Se o Hcl for adicionado demasiado depressa, ocorre uma efervescência vigorosa que pode levar ao transbordamento. As amostras devem então ser lavadas com água destilada até se obter um valor de pH neutro. Num estudo, após secagem das amostras numa estufa, restaram 376 mg de material no final do processo. Considerando que a maior parte da massa original era constituída por minerais, estes foram removidos por meio de HCl. As proteínas também se encontram nas conchas e são removidas por um processo de desproteinização (refluxo com uma base durante 20 minutos) que deixou 311 mg de quitina seca. O teor de quitina na casca era equivalente a 3,11% do peso seco da casca da craca e o teor de proteínas do pó da casca de *C. patula* era baixo. A obtenção de quitina a partir de cascas de camarão está associada a indústrias alimentares como a transformação de camarão, enquanto a produção de complexos de quitosano - glucano a partir de micélios fúngicos está associada a processos de fermentação como o da produção de ácido cítrico a partir de *Aspergillus niger*. Geralmente, o processamento de conchas de crustáceos envolve a remoção de proteínas e, em seguida, a dissolução de carbonato de cálcio, que está presente nas conchas em concentrações elevadas. Os protocolos para a obtenção de quitosano a partir destas fontes também envolvem a desacetilação em hidróxido de sódio a 40% a 120°C durante 1-3h. Estes tratamentos produzem 70% de quitosano desacetilado. Recentemente, foi relatada uma "conversão verde" de resíduos agro-industriais pela atividade biológica de estirpes de *Rhizopus arrhizus* e *Cunninghamella elegans* para produzir quitina e quitosano. Estas fontes industriais têm vantagens significativas, incluindo evitar reacções alérgicas em indivíduos susceptíveis a antigénios de moluscos e reduzir o tempo e o custo de produção.

Este estudo teve como principal objetivo detetar a presença de bactérias produtoras de quitinase em resíduos marinhos como os caranguejos Brachyura. A caraterização dos isolados bacterianos foi efectuada através de métodos bioquímicos e de identificação molecular. Na caraterização morfológica dos isolados bacterianos, foram efectuados testes de coloração de Gram e de motilidade. A identificação posterior foi efectuada por métodos bioquímicos que incluem o teste do indole, o teste do vermelho de metilo, o teste de Voges-Proskauer, o teste de utilização de citrato, o teste da catalase, o teste de hidrólise do amido, o teste da urease e o teste de fermentação de hidratos de carbono. Para a identificação dos isolados bacterianos seleccionados por sequenciação parcial do ARNr 16s, o ADN foi isolado pelo método convencional. Seguiu-se a reação em cadeia da polimerase (PCR) para amplificar o ADN. A separação posterior do tamanho foi efectuada por eletroforese em gel de agarose. Identificação molecular dos isolados bacterianos através da sequência de ARNr 16S. O ADN isolado das culturas puras foi amplificado. O produto da PCR do ARNr 16S amplificado foi sequenciado no AgriGenom Labs Pvt. Ltd. em Cochin, Kerala. A pesquisa de semelhança da sequência de 16S rRNA foi efectuada através de BLAST. Os organismos foram identificados como *Bacillus albus e Bacillus cereus.*

FINALIDADE E OBJECTIVOS

AIM

Extração de quitosano de resíduos de casca de camarão e análise das suas aplicações comerciais viáveis.

OBJECTIVOS

- Extração de quitosano de cascas de camarão.
- Verificação do quitosano produzido.
- Diversas aplicações do quitosano extraído.

2. REVISÃO DA LITERATURA

Ammini Parvathi *et al.,* **(2009)** estudaram as espécies de *Bacillus que* constituem um grupo diversificado de bactérias amplamente distribuídas no solo e no ambiente aquático. Neste estudo, as estirpes de *Bacillus* isoladas do ambiente costeiro da Índia foram identificadas por métodos bioquímicos convencionais detalhados, análise de ésteres metílicos de ácidos gordos (FAME) e sequenciação parcial de 16S rRNA. A análise dos dados revelou que *Bacillus pumilus* era a espécie mais predominante na região em estudo, seguida de *B. cereus* e B. sphaericus. Os isolados de B. pumilus foram ainda caracterizados por PCR com primers arbitrários (AP-PCR), perfil de sensibilidade a antibióticos e rastreio por PCR de genes de toxinas conhecidos associados a *Bacillus spp.* Todos os isolados *de B. pumilus* eram bioquimicamente idênticos, exibiam uma elevada atividade de protease e lipase e eram uniformemente sensíveis aos antibióticos testados neste estudo. Uma estirpe de *B. pumilus* albergava o gene da cereulida sintetase cesB de *B. cereus,* que era indistinguível dos restantes isolados bioquimicamente e por AP-PCR. Este estudo relata, pela primeira vez, a presença do gene da toxina emética cesB em *B. pumilus.*

Attawut Khantavong *et al* **(2009)** estudaram a bactéria marinha, que pode produzir uma quitinase extracelular, foi isolada e identificada. As contagens das bactérias quitinolíticas em seis animais marinhos variaram entre $3,3x10^4$ e $2,3x10^6$ CFU/g, o que representou 22,03% da contagem bacteriana total. Verificou-se que noventa e nove isolados produziam quitinase. O isolado SHI. 13 produziu a maior atividade de quitinase e foi identificado como Bacillus circulans. O pH e a temperatura iniciais para o crescimento e a produção de quitinase foram 7,0 e 37^0 C, respetivamente, durante 48 horas. O pH e a temperatura óptimos da reação enzimática foram 4,0 e 37^0 C, respetivamente. A quitinase foi estável a pH 4,0 e de 20 a 40^0 C. Após purificação por precipitação com sulfato de amónio a 90% seguida de cromatografia Sephacryl S-200 HR, obteve-se apenas um pico proteico. A atividade específica final da quitinase foi de 0,48 unidades/gg de proteína com uma purificação de 1,28 vezes. O peso molecular das subunidades da enzima foi estimado por SDS-PAGE em 107000, 89000, 62000, 42000, 24000 e 17000 daltons, respetivamente.

Olfa-Ghorbel Bellaj *et al,***(2011)** estudaram o atual aumento da quantidade de resíduos de casca produzidos pelas indústrias de camarão, o que levou à necessidade de encontrar novos métodos para a sua eliminação. Neste estudo, foram utilizadas metodologias estatísticas para a otimização da coprodução de quitinase e protease por *Bacillus cereus* SV1 em meios contendo pó de casca de camarão. A composição do meio e as condições de cultura foram optimizadas utilizando dois métodos estatísticos: O desenho de Plackett - Burman foi aplicado para encontrar os ingredientes-chave e as condições para o melhor rendimento da produção de enzimas, e o desenho composto central foi usado para otimizar os níveis das cinco variáveis significativas: pó de casca de camarão (SSP), NH_4Cl, $CaCl_2$, K_2HPO_4 e velocidade de agitação. A otimização do meio resultou em actividades de protease e quitinase de 8.445,8 U ml-1 e 82,8mU ml-1, respetivamente. A quitinase bruta exibiu atividade máxima a 55°C e pH 7,0 utilizando substrato de quitinase coloidal. Os iões metálicos Fe^{2+} e Mg^{2+} aumentaram a atividade da quitinase, enquanto o Hg^{2+} inibiu fortemente esta atividade. A sequenciação de nucleótidos da quitinase SV1 revelou uma estrutura de leitura aberta contendo 2 025 pb e codificando 642 aminoácidos.

Kuldeep Kaur *et al*, (2012) estudaram o quitosano, um produto desacetilado da quitina produzido pela quitina desacetilase, uma enzima que hidrolisa os grupos acetamido da N-acetilglucosamina na quitina. O quitosano é um polímero natural com grande potencial para a biotecnologia e para as indústrias biomédica e farmacêutica. Comercialmente, é produzido a partir da quitina através de um processo termoquímico rigoroso que partilha a maioria das desvantagens de um processo químico de várias etapas. É ambientalmente inseguro e não é facilmente controlado, dando origem a uma vasta e heterogénea gama de produtos. Um procedimento alternativo ou complementar que explore a desacetilação enzimática da quitina poderia ser potencialmente empregue, especialmente quando é necessário um processo controlado e bem definido. Neste estudo, foram isoladas 20 estirpes de bactérias de amostras de solo recolhidas em diferentes praias de Chennai, na Índia. Destas 20 estirpes bacterianas, apenas 2 estirpes (S3,S14) são potentes degradadoras de quitina e são também boas produtoras da enzima quitina desacetilase, de modo a libertar quitosano.

Imanda N *et al*, (2015) estudaram os resíduos de camarão que contêm 20% - 60% de quitina e que podem ser fonte de bactérias quitinolíticas. As bactérias quitinolíticas são capazes de hidrolisar progressivamente a quitina para produzir o monómero N-acetilglucosamina, que pode ser utilizado para superar os resíduos de camarão. Os objectivos desta investigação foram identificar espécies de bactérias com elevada atividade de degradação da quitina em resíduos de camarão e analisar a sua potência como agente de degradação da quitina. A investigação consiste no rastreio de bactérias quitinolíticas com base no índice quitinolítico, no ensaio de atividade da quitinase utilizando o método colorimétrico e na identificação molecular das bactérias com base nas sequências de 16S rRNA. Dois dos dezoito isolados de bactérias quitinolíticas (isolados PBK 2 e SA 1.2) apresentaram o índice quitinolítico mais elevado, que foi de 2,069 e 2,084, enquanto a atividade da quitinase foi de 0,213 e 0,219 U/ml, respetivamente. Com base nas sequências de 16S rRNA, o isolado PBK 2 foi identificado como *Acinetobacter johnsonii* 3-1, enquanto o SA 1.2 foi identificado como *Bacillus amyloliquefaciens* GR53 com 99,78% de semelhança.

Abirami Sasi *et al,* **(2020)** estudaram as quitinases ou enzimas quitinolíticas com diferentes aplicações no domínio da medicina, da agricultura e da indústria. O presente estudo tem por objetivo desenvolver uma estirpe mutante eficaz e hiperprodutora de quitinase de um novo *Bacillus licheniformis.* Foi utilizada uma metodologia simples e rápida para o rastreio de potenciais microbiotas quitinolíticas por mutagénese química com etilmetano sulfonato e irradiação com UV. Havia 16 estirpes mutantes que exibiam atividade de quitinase. De entre as estirpes produtoras de quitinase, foi selecionada a estirpe com a atividade máxima de quitinase, a proteína foi parcialmente purificada por SDS-PAGE e a estirpe foi identificada como *Bacillus licheniformis* (SSCL-10) com a atividade específica mais elevada de 3,4 U/mL. O modelo de mutação induzida foi implementado com sucesso no mutante EMS-13 (20,2 U/mL) que produz um rendimento de quitinase 5-6 vezes superior, enquanto o mutante UV-11 (13,3 U/mL) tem uma atividade de quitinase 3-4 vezes superior à da estirpe selvagem. A quitinase parcialmente purificada tem um peso molecular de 66 kDa. A estirpe selvagem (SSCL-10) foi identificada como *Bacillus licheniformis* através da análise da sequência 16S rRNA. Este estudo explora as potenciais aplicações de bactérias produtoras de hiper quitinase na reciclagem e processamento de resíduos de quitina de crustáceos e camarões, acrescentando assim valor à indústria de crustáceos.

Katia-Louiza Asmani *et al,*(2020) estudaram sobre Este artigo relata o isolamento e a identificação de uma quitinase ácido-termoestável (ChiA-Ba43) que foi purificada, a partir do líquido de cultura de *Bacillus altitudinis* estirpe KA15, e caracterizada. A purificação da ChiA-Ba43 produziu um aumento de 69,6 vezes na atividade específica (120 000 U/mg) da quitinase, com um rendimento de 51% utilizando quitina coloidal como substrato. Verificou-se que a ChiA-Ba43 é uma proteína monomérica com uma massa molecular de 43 190,05 Da, determinada por MALDI-TOF/MS. A sequência N-terminal dos primeiros 27 aminoácidos (aa) da ChiA-Ba43 revelou homologia com quitinases de outras espécies de *Bacillus*. Curiosamente, a ChiA-Ba43 apresentou um pH e uma temperatura óptimos de 45,5 e 85°C, respetivamente. A cromatografia em camada fina (TLC) mostrou que os produtos hidrolisados finais da enzima a partir de quitina-oligossacáridos e quitina coloidal são uma mistura de (GlcNAc)2, (GlcNAc)3, (GlcNAc)4 e (GlcNAc)5, o que indica que a ChiA-Ba43 possui uma função de ação endógena. Mais interessante é o facto de, em comparação com ChiA-Mt45, ChiA-Hh59, quitodextrinase, N-acetil-β-glucosaminidase e ChiA-65, ChiA-Ba43 ter demonstrado um elevado nível de eficiência catalítica e uma tolerância notável a vários solventes orgânicos.

O gene ChiA-Ba43 (1332 pb) que codifica ChiA-Ba43 (409 aa) foi clonado, sequenciado e expresso na estirpe HB101 de Escherichia coli. As propriedades bioquímicas da quitinase recombinante (rChiA-Ba43) eram equivalentes às da enzima expressa nativamente. Estas propriedades fazem da ChiA-Ba43 um candidato ideal para a bioconversão industrial de resíduos quitinosos.

Hardoko *et al,* (2020) estudaram o facto de as cascas do camarão-tigre conterem uma quantidade elevada de quitina, proteínas e minerais que as tornam facilmente deterioráveis. Devido ao seu elevado teor de quitina, muitos dos seus microrganismos de deterioração têm propriedades quitinolíticas. O objetivo desta investigação foi obter bactérias com forte atividade quitinolítica que possam ser utilizadas para fermentar a quitina em glucosamina. O método de investigação utilizado foi o método descritivo, que consistiu na decomposição de cascas de camarão, no isolamento de bactérias quitinolíticas que formaram cor púrpura em meios de ágar contendo quitina, no teste do índice quitinolítico e na identificação das bactérias quitinolíticas mais fortes com base na ordem do 16S rRNA. Os resultados mostram que foram isoladas 17 bactérias quitinolíticas de cascas de camarão-tigre podres, 8 das quais tinham fortes propriedades quitinolíticas. O isolado A12 foi escolhido como a bactéria quitinolítica mais forte, com um índice quitinolítico de 4,42 e uma luminosidade da cor púrpura de 23,88. O isolado A12 foi identificado como *Providencia stuartii.*

U mar Shahbaz *et al, (2020)* estudaram a quitina, um importante biopolímero a seguir à celulose, extraído no presente estudo. O exoesqueleto de caranguejos braquiúros marinhos capturados acessoriamente, nomeadamente *Calappa lophos, Dromia dehaani, Dorippe facchino* e também da vagem estomática *Squilla* spp. foi utilizado para extrair quitina através de métodos de fermentação, empregando duas estirpes bacterianas como *Pseudomonas aeruginosa* e *Serratia marcescens.* O rendimento de quitina foi de 44,24%, 37,45%, 11,56% e 27,24% em C. lophos, D. dehaani, D. facchino e *Squilla spp.* respetivamente. Os espectros FT-IR da quitina produzida apresentam picos que são mais ou menos coerentes com os da quitina padrão, que é posteriormente analisada pelo Microscópio Eletrónico de Varrimento. A qualidade da quitina produzida foi avaliada através da análise da humidade, das proteínas, das cinzas e do teor de lípidos, assegurando que a quitina obtida a partir de crustáceos do lixo é igual à da quitina padrão. Foi recolhido um total de 10 amostras de diferentes áreas de Jiangsu, na China, para o rastreio de bactérias produtoras de quitinase. Com base na zona livre, foram seleccionadas duas das melhores amostras para um estudo mais aprofundado. A análise da sequência 16S rRNA mostrou que esta estirpe pertence ao género Myxococcus e à espécie *Myxococcus fulvus. A análise* filogenética foi efectuada e mostra que a estirpe UM01 é uma nova estirpe bacteriana. O isolado UM01 apresenta uma produção máxima de quitinase a 35 °C e a 8 pH. Entre todas, estas quitinas coloidais foram consideradas as melhores para a produção de quitinase. Foram identificados e sequenciados três genes produtores de quitinase utilizando um plasmídeo degenerativo. O gene UMCda (quitina dissacarídeo desacetilase) foi clonado em E. coli DH5a utilizando o vetor PET-28a, e a atividade antagonista foi examinada contra T. reesei. Tanto quanto sabemos, este é o primeiro estudo que relata a clonagem de genes e a identificação do gene da quitinase em *Myxococcusfulvus.* A quitinase desempenha um papel fundamental na decomposição e utilização da quitina como matéria-prima. Esta investigação indica que a estirpe *Myxococcus fulvus* UM01 é uma nova estirpe de mixobactérias e pode produzir grandes quantidades de quitinase num curto espaço de tempo. O gene UMCda clonado em E. coli DH5a mostrou um efeito promissor como atividade antifúngica. Em termos gerais, a estirpe específica UM01 possui propriedades de bioconversão de resíduos de quitina e outras aplicações biológicas.

Yasser Akeed *et al,* (2020) estudaram as condições óptimas necessárias para a produção de quitinase a partir da estirpe *Bacillus licheniformis* B307, obtida a partir de solo sírio. As experiências de otimização foram realizadas em condições de fermentação submersa e a quitina coloidal foi a fonte de carbono. O meio de caldo Luria fornecido com 0,5% de quitina coloidal foi o meio ótimo para a produção de quitinase. A produção máxima de quitinase foi obtida a 30°C, pH6, tempo de incubação de 14 dias e 150 rpm. A atividade óptima da quitinase foi alcançada a 60°C e pH6. A atividade de quitinase com meio não modificado foi de 1,9 U/mL, que depois aumentou cerca de oito vezes para atingir 14,2 U/mL em condições optimizadas de fermentação submersa. Uma quitinase extracelular de *Bacillus licheniformis* B307 foi parcialmente purificada utilizando a precipitação de sulfato de amónio seguida de concentração com vários tamanhos de tubos concentradores. A quitinase foi parcialmente purificada 8,24 vezes e a atividade enzimática específica aumentou 2,08 vezes (2 U/mg). A eletroforese em gel de poliacrilamida com dodecil sulfato de sódio (SDS-PAGE) da quitinase parcialmente purificada revelou um peso molecular (Mr) próximo de 36 e 42kDa. Estes resultados tornam possível investir nesta estirpe para produzir quitinase para ser utilizada como antifúngico, aditivo alimentar e outras aplicações

Ali M H *et al,* (2020) estudaram as enzimas quitinase que têm várias aplicações no domínio do ambiente, da biotecnologia e dos aspectos médicos. Este estudo teve como objetivo a produção de enzimas quitinolíticas a partir de diferentes espécies de bactérias. O isolamento de bactérias de diferentes habitats foi efectuado em meio de ágar contendo quitina como fontes de carbono e azoto. As bactérias obtidas (20) foram caracterizadas e analisadas novamente em meio de caldo de quitina. Dos 20 isolados bacterianos, 2 novos isolados, pertencentes a Streptomyces laurentii SN5 e Cellulosimicrobium funkei SN20, foram os mais activos na degradação da quitina em comparação com os outros isolados.

Foram caracterizados pela primeira vez pela sua atividade de quitinase. Foram identificados através da análise do gene 16S rRNA e, no meio líquido, os 2 isolados têm actividades enzimáticas de 0,533 e 0,537 U mL-1, respetivamente. A produção máxima de quitinase foi obtida quando essas estirpes bacterianas foram cultivadas em caldo Luria-Bertani (LB) adicionado de 1% de quitina coloidal, durante 1 dia e a uma temperatura de 30°C. O valor ótimo de pH para a produção de quitinase foi de pH 7 tanto para *S. Iaurentii* como para *C. funkei*. A enzima foi purificada utilizando a coluna cromatográfica Sephadex G-100 e DEAE-Celulose e verificou-se que tem um tamanho molecular semelhante de ~50 kDa. Estas duas espécies bacterianas poderiam ser utilizadas na produção de quitinase e na reciclagem ambiental de resíduos de quitina descartáveis, como a quitina de resíduos de conchas de camarão.

Sudha S *et al*,(2020) estudaram a produção de quitinase a partir de bactérias derivadas de sedimentos de lagos de água doce por fermentação submersa e otimização de meios. Isolamento de bactérias de sedimentos de lagos de água doce por diluição em série seguida de técnica de placa espalhada em ágar de quitina coloidal (CCA). Os potenciais isolados bacterianos foram detectados por ensaio qualitativo em placa de vidro e foram identificados por sequenciação de 16S rRNA. A otimização da produção de quitinase foi feita através da variação de diferentes factores físico-químicos, um de cada vez, mantendo os outros factores constantes. Dois isolados foram seleccionados para a produção de quitinase com base na zona de depuração em CCA e foram identificados como *Bacillus thuringiensis* estirpe LS1 (MG948147) e Bacillus cereus estirpe LS2 (MG948148) com base na sequenciação do 16S rRNA. A produção melhorada de quitinase por *B. thuringiensis* estirpe LS1 foi observada em meio mínimo alterado com 1% de quitina coloidal, glucose como fonte de carbono e extrato de malte como fonte de azoto, a pH 7,0, a 35°C em 72 h de incubação. A condição óptima para a produção de quitinase por *B. cereus* estirpe LS2 foi um meio mínimo alterado com 1% de quitina coloidal, sacarose como fonte de carbono e extrato de levedura como fonte de azoto, com pH 7,0 a 35°C em 96 h de incubação. A comunidade bacteriana do sedimento do lago foi analisada para a produção de quitinase e as estirpes potenciais foram identificadas e as suas sequências de 16S rRNA foram submetidas ao GenBanK.

Quitina

A quitina, um polímero β-(1,4)-ligado de N-acetil-D-glucosamina, é o segundo polissacárido natural mais abundante e também uma fonte constante de matérias-primas renováveis na Terra. A quitina ocorre em combinação com outros polímeros, como as proteínas. Na natureza, encontra-se em duas formas cristalinas. A forma α é a quitina mais abundante na natureza, encontrada em camarões e caranguejos, e tem microfibrilas de quitina antiparalelas com fortes ligações de hidrogénio intermoleculares. A β-quitina tem cadeias de quitina paralelas e ocorre em canetas de lula. A quitina está amplamente distribuída na natureza, particularmente como polissacárido estrutural nas paredes celulares dos fungos, nos exosqueletos dos artrópodes, nas carapaças exteriores dos crustáceos e nos nemátodos. Aproximadamente 75 % do peso total dos crustáceos, como o camarão, o caranguejo e o krill, são considerados resíduos. A quitina compreende 2058 % do peso seco destes resíduos.

A quitina tem uma vasta gama de aplicações nas indústrias bioquímica, alimentar e química e apresenta atividade antimicrobiana, anticolesterol e antitumoral. A quitina e os materiais com ela relacionados são também utilizados no tratamento de águas residuais, na administração de medicamentos, na cicatrização de feridas e como fibra alimentar. Os resíduos da transformação de crustáceos marinhos são uma fonte comercial significativa de quitina. A utilização de resíduos de quitina é rara, mas se for bem conduzida, resolveria o problema ambiental da eliminação de resíduos e permitiria a utilização do grande valor económico da quitina. A produção de quitina na biosfera marinha é enorme. A maior parte desta produção é constituída por conchas de quitina incorporadas no zooplâncton marinho e em crustáceos marinhos, como o camarão, os caranguejos e as lagostas. Quando muda, os exoesqueletos podem conter até cinco vezes mais quitina do que o corpo do animal. Os artrópodes têm a maior importância operacional porque produzem a maior quantidade de quitina. Do mesmo modo, a camada superficial dos corpos dos insectos terrestres e dos aracnídeos contém quantidades consideráveis de quitina. O teor de quitina nos sedimentos marinhos é bastante baixo, devido a processos de bioconversão levados a cabo por bactérias quitinolíticas marinhas, que transformam este polissacárido em compostos orgânicos que são subsequentemente utilizados por outros microrganismos como fonte de carbono e azoto (Saima, M. Kuddus *, Roohi, I.Z. Ahmad).

Microrganismos quitinolíticos

Os microrganismos quitinolíticos encontram-se habitualmente na biosfera e são capazes de decompor a quitina em condições aeróbias e anaeróbias. Encontram-se em muitos ambientes diferentes. Contrariamente à expetativa de que abundam em ambientes com grandes quantidades de quitina (como as cascas de camarão), apenas um pequeno número foi identificado nos resíduos de camarão: as bactérias quitinolíticas constituem apenas 4% do total de bactérias heterotróficas. Os fungos quitinolíticos constituem 25-60% do total de fungos, mas o seu número é inferior ao número de bactérias. Os substratos de quitina nem sempre estimulam o crescimento de microrganismos quitinolíticos. Os microrganismos quitinolíticos constituem apenas uma pequena percentagem da população microbiana total nas conchas de krill. Foram identificados números substancialmente mais elevados nos lagos e no solo das bacias de drenagem dos lagos. O solo e a rizosfera são fortemente colonizados por microrganismos quitinolíticos, sendo os actinomicetas os mais abundantes. Como os microrganismos quitinolíticos isolados do solo eram geralmente mais activos do que as bactérias quitinolíticas isoladas da água e dos sedimentos de fundo, poderiam ser mais adequados para utilização agrícola. 90 % de todos os actinomicetos isolados do solo são do género *Streptomyces*. Quase todos os actinomicetos são saprófitas capazes de decompor lenhina, quitina, pectina e creatina. As bactérias do solo capazes de degradar a quitina incluem *Flavobacterium, Bacillus e Pseudomonas*. Os fungos que degradam a quitina incluem *Aspergillus, Mucor* e *Mortierella.* Em ambientes aquáticos, a quitina é decomposta principalmente por bactérias heterotróficas. Estas incluem bactérias aeróbicas dos géneros *Aeromonas, Enterobacter, Chromobacterium, Arthrobacter, Flavobacterium, Serratia, Bacillus, Erwinia, Vibrio.* Os microrganismos quitinolíticos habitam uma grande variedade de ambientes.

As bactérias quitinolíticas são encontradas nas fezes de herbívoros selvagens (por exemplo, bisontes, lhamas e alces) e herbívoros domésticos (por exemplo, ovelhas e vacas). Também foram encontradas no fluido ruminal das vacas, que são incapazes de produzir enzimas para digerir a quitina e, portanto, oferecem um ambiente de vida para as bactérias quitinolíticas em troca de ajuda para digerir este composto resistente. A maioria das bactérias identificadas pertencia ao género *Clostridium,* cuja estirpe mais comum, *Clostridium sp. ChK5,* decompõe a quitina coloidal e produz acetato, um sal de ácido butírico, e lactato. (Kopec "ny et al). Existem poucas informações sobre a participação de microrganismos anaeróbicos na degradação da quitina, embora tenham sido descritas bactérias quitinolíticas do género Clostridium em ambientes marinhos e bactérias Gram-negativas anaeróbicas presentes nos sedimentos.

A utilização da quitina como fonte de azoto pode estar amplamente distribuída entre micróbios celulolíticos anaeróbios e aeróbios. A *Cellulomonas* (ATCC 21 399) é capaz de degradar rapidamente a celulose e a quitina, tanto a nível aeróbio como anaeróbio. A degradação da quitina ocorre principalmente em sedimentos superficiais, onde as bactérias aeróbias dominam e desempenham um papel decisivo na sua degradação (Reguera e Leschine).

Enzimas quitinolíticas

As CHIs são hidrolases de glicosídeos que catalisam a decomposição da quitina. São produzidas por microrganismos, fungos, insectos, plantas e animais e também se encontram no soro sanguíneo humano. Hidrolisam as ligações β-1,4-glicosídicas entre os resíduos de N-acetil-D-glucosamina que compõem uma cadeia de quitina. A lise completa do polímero insolúvel de quitina consiste normalmente em três etapas principais: (1) clivagem do polímero em oligómeros solúveis em água, (2) divisão destes oligómeros em dímeros e (3) clivagem dos dímeros em monómeros. A hidrólise enzimática completa da quitina em N-acetilglucosamina livre é efectuada por um sistema quitinolítico constituído por um grupo diversificado de enzimas que catalisam a polimerização hidrolítica da quitina. Devido à localização da ligação hidrolisada, as CHIs (EC 3.2.1.14) dividem-se em duas categorias. As endoquitinases clivam as cadeias de quitina em locais aleatórios, gerando oligómeros de baixo peso molecular, como a quitototriose, a quitotriose e a diacetilocitobiose. As exocitinases podem ser divididas em duas subcategorias: As quitobiosidases (EC 3.2.1.29), que catalisam a libertação progressiva de diacetilquitobiose a partir da extremidade não redutora da microfibrila de quitina, e as β-(1,4) N-acetilglucosaminidases (EC 3.2.1.30), que clivam os produtos oligoméricos das endoquitinases e quitobiosidases, gerando monómeros de GlcNAc (Sahai e Manocha, 1993). Atualmente, de acordo com a nomenclatura estabelecida pelo Comité de Nomenclatura da União Internacional de Bioquímica e Biologia Molecular, a quitobiase e as β-N-acetilglucosaminidases estão incluídas no conjunto comum de b-N-acetilhexosaminidases (EC.3.2.1.52). As CHIs podem ser divididas em três famílias pela semelhança das sequências de aminoácidos: 18, 19 e 20. A família 18 inclui CHIs derivadas principalmente de fungos, mas também de bactérias, vírus, animais, insectos e plantas. A família 19 inclui CHIs derivadas de plantas (classes I, II e IV) e várias derivadas de bactérias, por exemplo, *Streptomyces griseus*. A família 20 inclui a N-acetilglucosaminidase de *Vibrio harveyi* e a N-acetilhexosaminidase de *Dictyostelium discoideum* e do ser humano. Muitas bactérias, incluindo *Serratia marcescens, Aeromonas sp., Pseudomonas aeruginosa K-187* e *S. griseus HUT 6037,* podem sintetizar vários CHIs diferentes. Além disso, o bem conhecido fungo *Trichoderma harzianum* produz duas N-acetilglucosaminidases, quatro endoquitinases e uma quitobiosidase.

As glicosidohidrolases das famílias 18 e 19 evoluíram separadamente, uma vez que os genes pertencentes a estas duas famílias de genes análogos apresentam pouca ou nenhuma homologia de sequência, nem partilham o mesmo mecanismo catalítico a nível molecular (Perrakis et al., 1994; Davies e Henrissat, 1995; Hartet al., 1995). A ocorrência de múltiplos genes num único organismo pode ser o resultado da duplicação de genes ou da aquisição de genes de outros organismos através da transferência lateral de genes (Hunt et al., 2008). Em apoio ao primeiro mecanismo, as diferentes sequências de genes de quitinase encontradas num único organismo são frequentemente quase idênticas. No entanto, existem alguns exemplos em que os genes da quitinase que coexistem num único organismo são muito diferentes e agrupam-se com sequências de quitinase de organismos relacionados bastante distantes (Suzuki et al., 1999; Karlsson e Stenlid, 2009). Este facto sugere a transferência lateral de genes também entre organismos distantemente relacionados. Pensa-se que a existência de múltiplas quitinases num único organismo conduz a uma utilização mais eficiente do respetivo substrato em resultado de interacções enzimáticas sinérgicas ou de afinidades contrastantes com diferentes formas de substrato (Svitil et al., 1997). Um exemplo disto é o sistema de quitinases de *Serratia marcescens,* amplamente estudado, que se baseia em várias quitinases com funções ligeiramente diferentes. Quatro famílias de 18 quitinases ChiA, ChiB, ChiC1 e ChiC2, todas elas libertadas para o meio circundante (Suzuki et al., 1998). ChiC2 resulta de uma modificação pós-traducional de ChiC1 (Gal et al., 1998; Suzuki et al., 1999) e as actividades hidrolíticas de ChiC2 foram inferiores em substratos cristalinos em comparação com ChiC1, embora não tenham sido identificadas outras diferenças (Suzuki *et al.,* 1999), deixando a função de ChiC2 por esclarecer. Ao combinar ChiA, ChiB e

ChiC1, foram observados efeitos sinérgicos na degradação da quitina, o que implica locais de ação diferenciados e/ou mecanismos de reação molecular para as três enzimas (Suzuki et al., 2002). Foi demonstrado que ChiC é uma endoenzima não processiva que cliva o polímero de quitina de forma aleatória, enquanto ChiA e ChiB são enzimas processivas que clivam dissacáridos enquanto deslizam ao longo do polímero de quitina **(Horn *et al.*, 2006; Sikorski *et al.*, 2006).** Estão também implícitos múltiplos mecanismos de ação para cada uma das duas últimas quitinases, uma vez que foi demonstrado que ChiA e ChiB degradam microfibrilas de β-citina unidireccionalmente a partir de extremidades opostas do polímero **(Huit et al., 2005)**. Ainda assim, os principais produtos finais das três enzimas são dissacáridos, enquanto os monossacáridos são produzidos como subprodutos em quantidades substancialmente inferiores **(Horn *et al.*, 2006).** Nas bactérias, esta última etapa ocorre normalmente no citoplasma ou no espaço periplasmático **(Bassler *et al.*, 1991; Keyhani e Roseman, 1996; Drouillard *et al.*, 1997; Techkarnjanaruk e Goodman, 1999).**

A degradação da quitina é também influenciada por factores mais crípticos. Foi demonstrado que uma proteína de ligação à quitina sem qualquer domínio catalítico facilita a degradação da β-quitina, rompendo a estrutura cristalina do polímero de quitina (Vaaje-Kolstad et al., 2005). A proteína mostrou uma semelhança de sequência significativa com um produto genético em Streptomyces olivaceoviridis conhecido por ter alta afinidade com α-quitina (Schnellmann et al., 1994). Foi proposto que a capacidade de produzir tais proteínas com elevada afinidade específica para uma determinada estrutura de quitina cristalina pode ser decisiva para a capacidade das bactérias de se diferenciarem e reagirem a estruturas específicas de quitina cristalina (Svitil et al., 1997). Estes domínios de ligação à quitina podem também influenciar indirectamente a degradação da quitina, facilitando a adesão das células a substratos quitinosos, uma caraterística que é de particular importância em ambientes aquáticos (Montgomery e Kirchman, 1993, 1994; Pruzzo et al., 1996). Uma vez que o polímero insolúvel de quitina tem de ser clivado fora da barreira celular bacteriana, a utilização metabólica da quitina também depende de sistemas eficientes de absorção dos produtos de hidrólise. Nalgumas estirpes bacterianas cultivadas, os transportadores PTS (sistema fosfoenolpiruvato:glicose fosfotransferase) são responsáveis pela principal captação de GlcNAc. Foram também descritas as actividades de captação de outros transportadores específicos de GlcNAc, bem como de transportadores com uma gama mais vasta de substratos (incluindo monómeros de açúcar como a glucose, a glucosamina, a frutose e a manose) (Mobley et al., 1982; Postma et al., 1993; Bouma e Roseman, 1996).

As CHIs microbianas têm um peso de 20 a 120 kDa, sendo a maioria de 20-60 kDa. O pH ótimo da CHI é 5-8 e a temperatura é 40°C. Dependendo da origem da CHI, a sua atividade pode ser inibida ou estabilizada pela presença de vários metais. Um forte inibidor de CHIs é a alosamidina, que foi relatada pela primeira vez como um inibidor específico e competitivo de CHI de insectos. A alosamidina tem uma estrutura semelhante à de um substrato intermédio, um anel de oxazolina que pode ser formado entre o oxigénio carbonilo do grupo N-acetilo e o C-1 da N-acetilglucosamina durante a hidrólise. As CHIs são enzimas induzíveis (adaptativas), ou seja, são expressas em determinadas condições induzidas por determinado(s) fator(es) e são reguladas por um sistema repressor/indutor. Enquanto a quitina é um indutor, a glucose ou outra fonte de carbono facilmente assimilável pode ser um repressor. A produção de CHIs pode ser induzida por quitina e quitooligossacarídeos no meio; no entanto, não foi observada nenhuma produção extracelular de CHIs na ausência desses compostos. Embora alguns actinomicetos produzam CHIs constitutivamente, um substrato de quitina adequado aumenta sempre a produção. A indução da produção de CHIs através de diferentes substâncias de quitina é uma caraterística de uma determinada estirpe produtora de enzimas (Frandberg e Schnurer).

Numerosos estudos utilizam a quitina coloidal para a produção de CHIs. Alguns microrganismos podem produzir CHIs activas na presença de cascas de camarão. Um meio contendo quitina purificada ou micélio como única fonte de carbono proporciona condições de crescimento óptimas para induzir CHIs extracelulares. Estudos realizados com diferentes substratos de carbono confirmaram a relação entre uma fonte de carbono metabolizada e a síntese de enzimas quitinolíticas. Foi observada atividade quitinolítica em bactérias cultivadas em meios contendo quitina coloidal ou glicol, N-acetilglucosamina, quitooligossacarídeos ou paredes celulares de determinados fungos. Não se observou qualquer atividade, ou observou-se uma atividade mínima, nas mesmas bactérias cultivadas em meios que continham glucose ou laminarina como fonte de carbono. Estudos moleculares detectaram a presença de um sistema de transdução de sinal de dois componentes que regula a síntese de CHIs em *Pseudoalteromonas piscicida* O-7,

Streptomyces thermoviolaceus OPC-520 e outras bactérias. Os sistemas são constituídos por duas proteínas: uma histidina quinase e um regulador de resposta. Em resposta a um sinal do ambiente (a presença de quitina ou dos seus derivados), uma cinase bacteriana sofre autofosforilação num resíduo de histidina, catalisando depois a transferência de um grupo fosfato para um resíduo de asparagina na sequência de um regulador de resposta. O regulador de resposta fosforilado é combinado com uma sequência promotora e ativa a transcrição de genes que codificam CHI.

APLICAÇÕES

A maioria das indústrias de transformação de marisco contém quitina nos resíduos marinhos transformados. Estes resíduos podem causar grandes problemas ambientais devido à sua fácil deterioração. Estes resíduos quitinosos são degradados através de processos químicos como a desmineralização e a desproteinização, o que causa problemas de corrosão, baixo rendimento e custos elevados. Sendo um método mais ecológico e económico em comparação com o método químico de degradação da quitina, o método enzimático pode ser adotado como alternativa. As quitinases desempenham um papel importante na degradação dos resíduos quitinosos da indústria do marisco, mantendo assim o equilíbrio carbono-nitrogénio no ambiente através da utilização de resíduos de crustáceos. Os resíduos de camarão são considerados como uma fonte importante de quitina. A utilização de resíduos de crustáceos não só resolve problemas ambientais como também diminui os custos de produção de quitinases microbianas.

Juntamente com o seu derivado desacetilado, o quitosano, a quitina adquiriu grande importância biotecnológica, devido às suas características farmacêuticas favoráveis, tais como as actividades antimicrobiana, anticolesterol e antitumoral, e também devido ao seu potencial para o tratamento de águas residuais (Flach et al., 1992), a administração de medicamentos (Kadowaki et al., 1997), a cicatrização de feridas e como fibra alimentar (Dixon, 1995). Assim, a identificação das enzimas modificadoras da quitina e a elucidação das suas actividades poderiam facilitar a produção eficiente de produtos específicos de quitina. As quitinases também desempenham um papel importante em muitas áreas, como a produção de proteínas unicelulares, factores de crescimento, controlo de mosquitos, agente de biocontrolo de agentes patogénicos fúngicos e isolamento de protoplastos fúngicos. Assim, a necessidade de produção de quitinase microbiana aumentou, servindo dois objectivos: (i) reduzir os riscos ambientais e (ii) aumentar a produção de produtos de valor acrescentado industrialmente importantes (Chellaram et al.).

As quitinases de bactérias marinhas foram isoladas e as suas propriedades foram registadas, desempenhando um papel na nutrição e no parasitismo. Para além das aplicações potenciais acima referidas, as quitinases podem ser utilizadas para a produção de quitooligossacarídeos, que se verificou funcionarem como agentes antibacterianos, eliciadores de indutores de lisozima e imunodinamizadores (Wen et al., 2002). As quitinases também podem ser utilizadas na agricultura para controlar os agentes patogénicos das plantas. As doenças das plantas constituem um problema importante para a cultura vegetal e são responsáveis pela perda de 10 % da produção total das culturas a nível mundial. Os bolores, um dos agentes patogénicos mais agressivos para as plantas, são convencionalmente destruídos com fungicidas químicos. A sua utilização generalizada, que triplicou nos últimos 40 anos, acelerou a poluição e a degradação do ambiente. Além disso, os fungicidas químicos podem ser letais para os insectos e microrganismos benéficos que povoam o solo e podem entrar na cadeia alimentar. Apesar da sua elevada eficácia e facilidade de utilização, os fungicidas químicos têm muitas desvantagens. A luta biológica, que consiste na utilização de microrganismos para controlar as doenças das plantas, constitui uma estratégia alternativa e respeitadora do ambiente para controlar os fitopatógenos. Recentemente, o controlo biológico tem-se centrado em microrganismos que produzem enzimas micolíticas, especialmente quitinases (CHIs). As CHIs ou microrganismos quitinolíticos estão atualmente a ser estudados como uma alternativa atraente aos produtos químicos sintéticos devido à sua segurança e menor impacto ambiental. (N. Annamalai, S. Giji, M. Arumugam e T. Balasubramanian).

No presente estudo, os potenciais micróbios produtores de quitinase foram seleccionados a partir do solo, o organismo foi identificado, o ensaio para a quitinase e a atividade antimicrobiana foram testados.

3. MATERIAIS E MÉTODOS

3.1 LOCALIZAÇÃO DO ESTUDO

Amplicon Biolabs, KINFRA, Kakkancherry, Malapuram, Kerala.

3.2 DURAÇÃO

Oito semanas.

3.3 RECOLHA DE AMOSTRAS

Para a recolha do solo, foram seleccionadas conchas de camarão e locais de depósito no mercado do peixe de Meenchantha, distrito de Kozhikode, Kerala, Índia. O solo, a uma profundidade de aproximadamente 9-12 cm, foi recolhido numa tampa estéril com fecho de correr com a ajuda de uma espátula estéril e colocado num saco de gelo para ser transportado para o laboratório. A amostra foi então analisada no Amplicon Biolabs.

3.4 PREPARAÇÃO DE QUITINA COLOIDAL

A 10 g de quitina em pó, adicionaram-se 120 ml de HCl conc., incubou-se a 37°C, 180 rpm durante 1 hora. A mistura foi transferida através de lã de vidro para etanol a 50% e bem misturada para obter uma suspensão homogénea. Esta foi ainda transferida através de papel de filtro e lavada com água destilada até a quitina coloidal atingir o pH 7. A quitina coloidal foi recolhida e armazenada a 4 °C até à sua utilização.

3.5 ISOLAMENTO DE PRODUTORES DE QUITINASE

As bactérias que utilizam quitina da amostra de solo recolhida foram isoladas por diluição em série e pela técnica de espalhamento em placa. 1 ml de cada diluição foi semeado em triplicado em meio de ágar nutriente suplementado com 1% de quitina coloidal e incubado à temperatura ambiente (27 °C) durante 3 dias, tendo o isolamento das bactérias sido efectuado a partir do terceiro dia. Os produtores de quitinase foram seleccionados com base na morfologia, cor e crescimento no meio incorporado com quitina coloidal.

3.5.1 DILUIÇÃO EM SÉRIE

- A partir da amostra triturada, foi medida uma alíquota de 10 ml e homogeneizada num copo limpo e seco contendo 90 ml de água destilada, obtendo-se uma diluição de 1:100.
- Pipetou-se 1 ml de uma determinada amostra para tubos contendo 9 ml de água

destilada (10 3).

- Deste tubo, transfere-se 1 ml da amostra para um segundo tubo contendo 9 ml de água destilada (10 4).

- Repete-se o procedimento para mais 4 tubos, até se obter a diluição desejada.

3.5.2 MÉTODO DE GALVANIZAÇÃO POR DIFUSÃO

- As placas de Petri esterilizadas foram etiquetadas com o número da amostra, a diluição e a data. Verter o meio de ágar nutriente preparado para as placas de Petri e deixar assentar. Em seguida, pipetou-se 0,1 ml das duas últimas diluições (10 5 e 10 4) para o centro da superfície de cada meio.
- Mergulhar a espátula de vidro em forma de L (taco de hóquei) no álcool.
- Colocar a espátula de vidro em chama num bico de Bunsen
- Espalhar a amostra uniformemente sobre a superfície do meio utilizando uma espátula de vidro com álcool frio, rodando cuidadosamente a placa de Petri por baixo num ângulo de 45° ao mesmo tempo.
- Incubar a placa a 37°C durante 24-48 horas.

3.6 ISOLAMENTO DA CULTURA PURA

As colónias isoladas das placas de espalhamento foram semeadas em placas de ágar nutriente recém-preparadas e incubadas a 37°c durante 24 horas.

3.6.1 MÉTODO DA PLACA DE DECANTAÇÃO

As colónias com morfologia diferente foram semeadas noutras placas de ágar nutriente fresco e incubadas. Esta placa foi utilizada como placa de reserva para utilização posterior. As colónias isoladas foram também transferidas para caldo nutritivo

3.7 RASTREIO DE BACTÉRIAS PRODUTORAS DE QUITINASE

Foi efectuada uma sementeira em quadrantes de todos os isolados em placa de ágar nutriente suplementada com quitina coloidal para isolar o organismo potencial com base na quitinase produzida. Para todos os isolados bacterianos, procedeu-se à inoculação de uma única estria de 2 cm de comprimento em meio de ágar nutriente suplementado com quitina coloidal e incubado à temperatura ambiente durante 2 d. As placas foram coradas com vermelho Congo a 0,1% e desinfectadas com NaCl a 1%, tendo sido seleccionados os isolados bacterianos que produziram uma zona clara de mais de 10 mm. Os isolados puros seleccionados foram armazenados em placas de ágar nutriente adicionadas com 1% de quitina coloidal a 4 °C para manter a viabilidade dos produtores de quitinase. A amostra foi cultivada em meio de ágar nutriente recentemente preparado.

3.8 IDENTIFICAÇÃO MORFOLÓGICA E BIOQUÍMICA DOS ORGANISMOS

3.8.1 OBSERVAÇÃO MACROSCÓPICA

As colónias bacterianas obtidas das placas de cultura foram submetidas a observação macroscópica. A cor, a forma, o diâmetro e a transparência foram observados para a caraterização inicial. As colónias individuais foram submetidas a subcultura

3.8.2 OBSERVAÇÃO MICROSCÓPICA

Após o isolamento da colónia bacteriana, o isolado foi identificado a nível genérico. Foram efectuados procedimentos de coloração para a caraterização microscópica. A coloração de Gram e o método da gota suspensa foram utilizados para a caraterização microscópica.

3.8.2.1 Coloração de Gram

Este método de coloração foi desenvolvido pelo Dr. Christian Gram em 1884. A estrutura da parede celular do organismo determina se o organismo é gram positivo ou negativo. Quando coradas com um corante primário e fixadas por um mordente, algumas bactérias são capazes de reter o corante primário, resistindo à descoloração, enquanto outras são descoloradas por um descolorante. As bactérias que retêm a coloração primária são designadas por Gram positivas e as bactérias que são descoloradas e depois coradas são designadas por Gram negativas.

Materiais necessários: Cultura bacteriana, Cristal violeta, Gramas de iodo, Álcool etílico, Safranina, Bico de Bunsen, Agulha de inoculação, Lâmina de vidro, Microscópio.

Procedimento

- A cultura bacteriana com 24 horas de idade foi espalhada numa lâmina de vidro e transformada numa película fina utilizando uma ansa metálica.
- Secar ao ar ou fixar ao calor o esfregaço bacteriano.
- Inundar a lâmina com reagente de violeta cristalino durante 1 minuto.
- Lavar o esfregaço com água destilada.
- Inundar o esfregaço com solução de iodo em grama durante 1 minuto.

- Lavar a lâmina com água destilada.

- Descolorar a lâmina com álcool a 95% durante 10-30 segundos.

- Lavar a lâmina com água destilada.

- Imergir a lâmina com a contra-coloração Safranin durante 2 minutos.

- Lavado com água destilada.

- Secar o esfregaço ao ar e depois observá-lo sob imersão em óleo (100X) utilizando um microscópio de campo claro.

3.8.2.2 DETERMINAÇÃO DA MOTILIDADE

Método de queda suspensa

A preparação da gota suspensa é um tipo especial de montagem húmida (em que uma gota de meio contendo os organismos é colocada numa lâmina de microscópio), frequentemente utilizada na iluminação escura para observar a motilidade das bactérias. É essencial diferenciar a motilidade real do movimento browniano, movimento vibratório das células devido ao seu bombardeamento pela molécula de água na suspensão.

Materiais necessários: Cultura bacteriana, lâmina de cavidade, lamela, cera de parafina, ansa de inoculação.

Procedimento

- Pegar numa lâmina de cavidade limpa.
- Segurar uma lamela pelas extremidades e aplicar cuidadosamente vaselina nos cantos com um palito.
- Colocar uma ansa cheia do caldo de cultura a testar no centro da lamela preparada.
- Virar a lâmina da cavidade preparada de cabeça para baixo (cavidade para baixo) sobre a gota na lamela, de modo a que a vaselina sele a lamela à lâmina à volta da cavidade. Virar a lâmina da cavidade preparada de cabeça para baixo (cavidade para baixo) sobre a gota na lamela, de modo a que a vaselina sele a lamela à lâmina à volta da cavidade.
- Virar a lâmina de modo a que a lamela fique por cima e a gota possa ser observada pendurada na lamela sobre a cavidade.
- Observar com uma objetiva de baixa potência de 40x com luz reduzida

3.8.3 CARACTERIZAÇÃO BIOQUÍMICA

As características bioquímicas e fisiológicas dos isolados foram estudadas de acordo com o Manual de Bacteriologia Sistemática de Bergey. Os testes bioquímicos são os testes utilizados para a identificação de espécies de bactérias com base nas diferenças nas actividades bioquímicas das diferentes bactérias. A fisiologia bacteriana difere de uma espécie para outra. Estas diferenças no metabolismo dos hidratos de carbono, no metabolismo das proteínas, no metabolismo das gorduras, na produção de determinadas enzimas, na capacidade de utilizar um determinado composto, etc., permitem a sua identificação através dos testes bioquímicos.

Foram efectuados os seguintes testes bioquímicos para o isolado;
1. Ensaio do indole
2. Ensaio com vermelho de metilo
3. Teste Voges Proskauer
4. Teste de utilização de citrato
5. Teste da catalase
6. Ensaio de hidrólise do amido
7. Teste da urease
8. Teste de fermentação de hidratos de carbono
9. Teste da oxidase

PREPARAÇÃO DE INOCULAME

Os isolados foram semeados em placas de ágar nutriente e foi obtida uma cultura de 18 horas de cada isolado. Estas suspensões dos isolados foram mantidas constantes e foram utilizadas para inoculação em todos os testes bioquímicos.

3.8.3.1 TESTE DO INDOL

O teste do indol demonstrou a produção de indol a partir do triptofano pela enzima triptofanase. A presença de indol foi detectada através da adição do reagente de Kovac, composto por para-dimetil amino benzaldeído, butanol e ácido clorídrico. O indol foi extraído do meio para a camada de reagente pelo componente butanol acidificado e forma um complexo com o para-dimetil amino benzaldeído, produzindo a cor vermelho-cereja. Inoculou-se o isolado no caldo de peptona e incubou-se a 37^0 C durante 48 horas. Após a incubação, adicionou-se 0,5 ml do reagente de Kovac sem agitação e observou-se a formação de um anel de cor vermelho-cereja. Este facto indicou um resultado positivo.

3.8.3.2 TESTE DO VERMELHO DE METILO

O teste do vermelho de metilo (MR) determina se o micróbio efectua a fermentação de ácidos mistos quando lhe é fornecida glucose. Os tipos e a proporção dos produtos de fermentação produzidos pela fermentação anaeróbia da glucose são uma das características taxonómicas fundamentais que ajudam a diferenciar os vários géneros de bactérias entéricas.

O pH a que o vermelho de metilo detecta o ácido é consideravelmente inferior ao pH de outros indicadores utilizados em meios de cultura bacteriológicos. Assim, para produzir uma mudança de cor, o organismo testado deve produzir grandes quantidades de ácido a partir do substrato de hidratos de carbono utilizado.

MR Positivo: Quando o meio de cultura fica vermelho após a adição de vermelho de metilo, devido a um pH igual ou inferior a 4,4 resultante da fermentação da glucose.

MR Negativo: Quando o meio de cultura permanece amarelo, o que ocorre quando é produzido menos ácido (pH mais elevado) a partir da fermentação da glucose.

Procedimento

1. Inocular dois tubos contendo caldo MR-VP com uma cultura pura dos microrganismos em investigação.
2. Incubar a 35 °C durante 48 horas.
3. Adicionar cerca de 5 gotas da solução indicadora de vermelho de metilo ao primeiro tubo
4. Uma reação positiva é indicada se a cor do meio mudar para vermelho em poucos minutos.

3.8.3.3 TESTE VOGES PROSKAUER

O teste de Voges-Proskaur determina a capacidade de os organismos produzirem produtos finais neutros, como o acetilmetilcarbinol, a partir dos ácidos orgânicos resultantes do metabolismo da glucose, em condições alcalinas e expostos ao ar. O acetilmetilcarbinol foi oxidado a diacetilo, que forma um complexo de cor rosa.

Procedimento

- O organismo testado foi inoculado em 5 ml de caldo estéril de glucose-fosfato-peptona.
- Incubado a 37^0 C durante 24-48 horas.
- Após o período de incubação, adicionou-se 1 ml de solução de KOH a 40%, seguido de 3 ml de solução de α-naftol **a 5%** e misturou-se bem.
- Um desenvolvimento de cor-de-rosa no espaço de 2-5 minutos indica um resultado positivo.

3.8.3.4 TESTE DE UTALIZAÇÃO DE CITRATOS

O ensaio foi realizado para demonstrar a capacidade de um organismo para utilizar o citrato como única fonte de carbono e energia para o crescimento e o sal de amónio como única fonte de azoto. Esta capacidade depende da presença de uma citrato permiase que facilita o transporte de citrato na célula. O ácido cítrico é um intermediário dos produtos metabólicos do ciclo de Kerb, que oxida o piruvato em dióxido de carbono. Durante esta reação, o meio torna-se alcalino. O dióxido de carbono gerado combina-se com o carbonato de sódio, um produto alcalino. A presença de Na2CO3 altera o indicador azul de bromotimol incorporado no meio de verde para azul púrpura profundo.

Preparou-se uma lâmina de ágar citrato de Simmon e inoculou-se as lâminas com os isolados. Os tubos foram mantidos a 37^0 C durante 48 horas para incubação e lidos quanto à mudança de cor de verde para azul-púrpura.

3.8.3.5 TESTE DE UREASE

Era o teste utilizado para detetar a capacidade de certas bactérias produzirem a enzima urease. A enzima urease decompõe a ureia em amoníaco e dióxido de carbono. Com a libertação de amoníaco, o meio torna-se alcalino, o que é demonstrado por uma mudança de cor do indicador, do vermelho de fenol para o rosa intenso.

Preparou-se o meio basal de urease sem ureia, ajustou-se o pH para 6,8 - 6,9 e esterilizou-se. Depois de arrefecer até cerca de 50C, adicionou-se ureia e deixou-se assentar em declive. O declive foi inoculado com os isolados por estrias sobre o declive do ágar e incubado a 370C durante 48 horas.

3.8.3.6 TESTE DE CATALASE

A maioria dos aeróbios e anaeróbios facultativos tem a caraterística de apresentar atividade de catalase. Os organismos utilizam o oxigénio para produzir peróxido de hidrogénio, que é tóxico para o seu sistema enzimático. Por isso, estes organismos produzem uma enzima chamada catalase, que converte o peróxido de hidrogénio em água e oxigénio.

Recolher uma colónia de bactérias da placa e transferir a colónia para uma lâmina de vidro com uma gota de água. Adicionou algumas gotas de peróxido de hidrogénio a 3% sobre a cultura e a produção de bolhas indicou um resultado positivo.

3.8.3.7 TESTE DE OXIDASE

As bactérias aeróbias, bem como alguns anaeróbios facultativos e microaerófilos, apresentam atividade de oxidase. A capacidade das bactérias para produzir citocromo oxidase pode ser determinada pela adição de um dicloridrato de tetra-metil p-fenileno diamina. Este doa o eletrão ao citocromo C que se oxida e produz uma cor.

Procedimento:

- Um disco de oxidase Take oxidase disponível no mercado contendo o reagente numa lâmina de vidro

* Adicionar caldo de cultura bacteriana ao disco
* Observar a mudança de cor em 10 segundos

3.8.3.8 ENSAIO DE FERMENTAÇÃO DE HIDRATOS DE CARBONO

Inocular o organismo a testar em meios de fermentação de açúcares que contenham glucose, lactose, sacarose, maltose, xilose, frutose, galactose, manose e o indicador de pH azul de bromotimol, com o tubo de Durham para a produção de gás e incubar. Este teste é utilizado para determinar a capacidade dos microrganismos para degradar ou fermentar os açúcares. Após a incubação, os tubos foram observados quanto à mudança de cor, a cor amarela indica a produção de ácido e a produção de gás (bolhas no tubo de Durham).

3.8.3.9 TESTE DO FERRO TRIPLO AÇÚCAR (TSI)

Este teste é utilizado para diferenciar *Enterobactertiaceae*. O teste é efectuado inoculando o organismo testado no meio TSI e incubando-o a 37°C durante 24-48 horas. Este meio indica a capacidade de um organismo para fermentar a lactose, a sacarose e a glucose com a formação de ácido e gás e também a sua capacidade para produzir gás sulfídrico. Se a cor do meio mudar de vermelho para amarelo, é considerado um resultado positivo e, se não houver mudança de cor, é considerado um resultado negativo.

3.9   CARACTERIZAÇÃO MOLECULAR

3.9.1 Extração de ADN genómico de bactérias

O ADN genómico foi extraído diretamente da cultura nocturna. O isolamento do ADN é um processo de purificação do ADN da amostra utilizando uma combinação de métodos físicos, químicos e enzimáticos. O primeiro isolamento de ADN foi efectuado em 1869 por Friedrich Miescher. Atualmente, é um procedimento de rotina em biologia molecular ou ciência forense.

Materiais necessários

a. Cultura

b. 0,85% NaCl

c. EDTA 0,5M

d. 1M TrisHcl (pH 8,0)

e. Clorofórmio : álcool isoamílico (24:1)

f. Acetato de sódio 3M

g. Tampão TE

h. Proteinase K

i. Isopropanol a 70%

j. Tubo de microcentrifugação

k. Caldo de nutrientes

Procedimento

- Inocular 1 a 3 colónias bem isoladas de caldo nutriente durante uma noite (12 a 16 horas). Após a incubação, transferir 1 ml da cultura nocturna para um tubo de microcentrifugação estéril e colher as células por centrifugação a 12.000 rpm durante 10 minutos.

- Deitar fora o sobrenadante e ressuspender o sedimento em 1 ml de solução de

NaCl a 0,85% (p/v) e centrifugar como acima indicado.

- Eliminar o sobrenadante e adicionar 600µl de tampão de lise juntamente com 7µl de proteinase -K. Agitar a mistura em vórtice e incubar a 65°C durante 30 minutos, centrifugar a 12.000 rpm durante 10 minutos.

- Recolher o sobrenadante e adicionar um volume igual de clorofórmio: álcool isoamílico (24:1), misturando os tubos por inversão. Centrifugar a amostra durante 10 minutos a 12.000 rpm.

- Recolher a fase aquosa num outro tubo de microcentrifugação sem perturbar a interface na fase inferior.

- 1/10 de volume de acetato de sódio 3M (pH 5,2) seguido de igual quantidade de isopropanol gelado, o ADN é precipitado e centrifugado novamente durante 5 minutos a 12 000 rpm.

- Deitar fora o sobrenadante e lavar o sedimento com álcool a 70%, centrifugar a 12 000 rpm durante 5 minutos e manter os tubos para secagem em estufa estéril.

- Ressuspender as amostras de ADN dessecadas em 50µl de tampão de dissolução de ADN (tampão TE)/água sem nuclease e armazenar a -20 °C.

3.9.2 Análise do ADN isolado por eletroforese em gel de agarose

A eletroforese em gel de agarose é um método de eletroforese em gel utilizado em bioquímica, biologia molecular, genética e química clínica para separar uma população mista de ADN ou de proteínas numa mistura de agarose.

Materiais necessários

- Tampão TE Tampão TBE 1X
- Agarose
- Brometo de etídio
- Corante de carregamento do gel
- Aparelho de eletroforese em gel de agarose.
- Unidade de alimentação.

Procedimento

- Pesou-se 0,3 g de agarose e dissolveu-se em 30 ml de tampão 1×TBE, aquecendo numa estufa até que todos os vestígios de gel de agarose se dissolvessem.
- A solução de agarose foi então arrefecida a 650 °C. Adicionaram-se 2 µl de

brometo de etídio à solução e misturou-se bem.

- A solução de agarose foi então transferida para um tabuleiro de gel casting colocado num aparelho de corrida, seguido de uma sobreposição com tampão TBE.
- O poço foi carregado com a amostra experimental.
- Antes do carregamento, as amostras foram misturadas com o corante de carregamento.
- O gel foi então submetido a eletroforese até o corante atingir 3/4 do comprimento do gel.
- Após a eletroforese, o gel foi transferido para um transiluminador UV.

3.9.3 Amplificação por PCR do 16S rRNA dos isolados

Cerca de 2 ng de ADN bacteriano isolado foram amplificados para os genes 16S rRNA utilizando o iniciador direto bacteriano 27F (5'-AGAGTTTGGATCMTGGGCTCAG-3') e o iniciador inverso 1492R (5'- CGGTTACCTTGTTACGACTT -3') (Jiang *et al,* 2006). A mistura de reação DE PCR consistiu em 2ng de 1µl de DNA genómico, 1µl de cada primer forward e reverse a uma concentração de 10µM, 2µl de dNTPs (2Mm), 10µl de tampão de reação 10X, 1µl de *Taq* polimerase (5U/µl) e 84µl de água. O perfil de PCR consistiu num passo inicial de desnaturação de 5 minutos a 95°C, seguido de 30 ciclos de 10 segundos a 95°C. O recozimento foi feito por 1 minuto a 50°C, extensão por 2 minutos a 72°C; e uma extensão final a 72°C por 7 minutos. O produto da PCR foi resolvido num gel de agarose 2% TAE, corado com brometo de etídio, para confirmação da amplificação do gene alvo. O brometo de etídio actua como um agente intercalante nas bases das moléculas de ADN e confere uma cor laranja ao ADN sob luz ultravioleta que pode ser visualizada no gel (Sambrook e Russell, 2001).

Após verificação da amplificação por PCR do fragmento correspondente do gene 16S rRNA, a porção remanescente do produto de PCR foi purificada em coluna utilizando o kit de purificação GeneJet PCR (Fermentas Life Science), concebido para a purificação rápida de produtos de amplificação por PCR de cadeia simples ou dupla (100 pb a 10 kb) de outros componentes das reacções, tais como o excesso de iniciadores, nucleótidos, ADN polimerase, óleo e sais.

3.9.4 Sequenciação do produto da PCR

O produto de PCR purificado foi sequenciado a partir de ambas as extremidades utilizando primers forward e reverse pelo método de sequenciação de terminação de cadeia de didesoxi de Sanger (Sanger e Coulson, 1975) no SciGenom Labs Private Ltd. em Cochin com o sequenciador automático ABI 3730XL. As sequências direta e inversa foram cortadas para as sequências de iniciadores e depois montadas utilizando Clustal W e o consenso foi utilizado para a análise (Thompson et al., 1994). As distâncias entre resíduos e entre pares foram estimadas utilizando a ferramenta Clustal W do software MEGA6. As sequências finais foram pesquisadas quanto à sua semelhança utilizando o programa BLAST do NCBI *(www.ncbi.nlm.nih.gov)*

Quadro 3.1 CICLOS DE AMPLIFICAÇÃO DA PCR

Cycle	Step	Process	Temperature	Time
1	1st	Denaturation	95°C	5 minutes
1	2nd	Denaturation	95°C	10 minutes
1	3rd	Annealing	50°C	1 minutes
1	4th	Primer extension Final elongation	72°C	45 seconds
1	5th		72°C	3 minutes

PRIMÁRIOS UNIVERSAIS:

Amplificação do gene 16S rRNA

- Forward primer :   5'- GAGTTTGATCCTGGCTCAG – 3'
- Reverse primer :   5' – GAATTACCGCGGCGGCTG – 3'

3.9.5 SEQUENCIAÇÃO DO RRNA 16S E ANÁLISE DE BLASTOS

A sequência obtida foi submetida ao programa BLAST. Programa na base de dados de ADN do banco de genes do NCBI (www.ncbi.nlm.nhi.gov) para identificar as estirpes bacterianas.

ANÁLISE DA SEQUÊNCIA DO RNA 16SR

Cada sequência de ácido nucleico foi editada manualmente para corrigir bases falsamente identificadas e aparada para remover a sequência ilegível nas extremidades 3' e 5' (considerando os valores de pico e de qualidade para cada base) utilizando as ferramentas de análise da sequência.

As sequências editadas (16s rRNA) foram depois utilizadas para pesquisas de semelhança utilizando o programa BLAST (Basic Local Alignment Search Tool) na base de dados de ADN do NCBI GeneBank (www.ncbi.nlm.nhi.gov) para identificar as estirpes bacterianas

3.10 Atividade antimicrobiana

Método de difusão em poço

O caldo de cultura foi centrifugado a 10.000 rpm durante 10 minutos e o sobrenadante contendo a enzima bruta foi utilizado para testar a atividade antimicrobiana. O cloranfenicol foi utilizado como controlo. Ambos são testados contra *Pseudomonas, Klebsiella, E.coli, Vibrio* e *Staphylococcus.*

Cada placa de ágar Muller Hinton é inoculada com organismos de teste, foram criados poços no ágar. São adicionados 50 μl *de* enzima bruta e antibiótico cloranfenicol a poços separados. As placas foram incubadas a 37^0 C durante 24 horas. A zona de inibição foi medida após a incubação.

4. RESULTADO

O presente estudo tem por objetivo o isolamento de bactérias produtoras de quitosano a partir da identificação de espécies de camarões *Metapenaeus monoceros, tendo* sido revelado que a amostra em causa contém *Bacillus albus* e *Bacillus cereus.* O estudo foi efectuado em resíduos marinhos (resíduos de crustáceos e solo depositado). É utilizado para isolar a estirpe bacteriana produtora de quitinase. Nesta experiência, foram apresentados dois isolados. As estirpes isoladas foram seleccionadas com base nas propriedades morfológicas e bioquímicas. As características fenotípicas destas estirpes foram determinadas pelo método de caraterização molecular utilizando técnicas de PCR específicas da espécie, sequenciação do 16s rRNA. O lixo marinho é uma fonte importante de quitina para uso comercial. As bactérias produzem várias quitinases, para hidrolisar diferentes formas de quitina encontradas na natureza. As quitinases podem variar de acordo com a disposição das cadeias NAG, o grau de desacetilação e a presença de componentes estruturais reticulados, como proteínas e glucanos. As quitinases bacterianas pertencem à família 18 das hidrolases glicosiladas. As quitinases bacterianas foram classificadas em três grupos (A, B, C) de acordo com Watanabe *et al.,* com base em semelhanças de sequência. A partir do rastreio dos produtores de quitinase, revela-se que o nível de secreção de quitinase varia com a resposta à indução de quitina. De forma semelhante, outros relatórios mostram que diferentes espécies de *Bacillus* foram registadas como produtoras de quitinase, e o resultado do presente estudo também confirma o mesmo.

Recolha de amostras

Figura 4.1: AMOSTRA DE SOLO

ISOLAMENTO DE BACTÉRIAS

Através do método de diluição em série, foram isolados diferentes tipos de estirpes morfológicas.

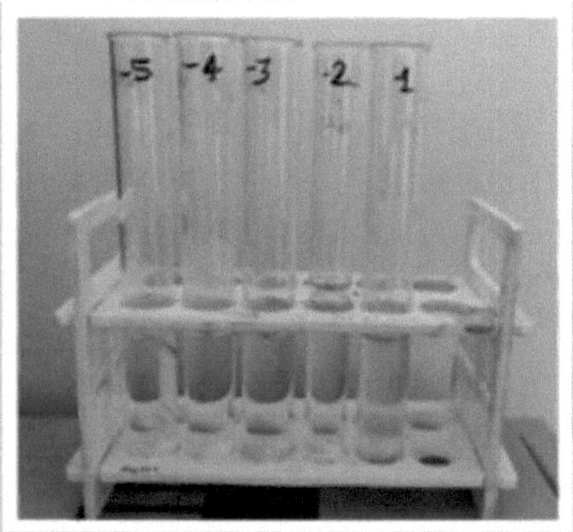

Figura 4.2 DILUIÇÃO EM SÉRIE

As placas de ágar nutriente foram inoculadas com amostras diluídas em série. As colónias isoladas foram observadas através do método da placa de espalhamento e da placa de estrias.

ESTUDO MACROSCÓPICO DE ISOLADOS BACTERIANOS

Morfologia das colónias

A caraterização microscópica dos isolados bacterianos foi o primeiro passo na identificação do organismo. Com base nos factores de crescimento e noutras propriedades morfológicas, foram seleccionadas as colónias para posterior identificação. A morfologia da colónia bacteriana está registada na tabela

Colony on nutrient agar	Colony characteristics
ANC1 Strain	Small, circular, white coloured colonies, opaque.
ANC2 Strain	Large, oval, white coloured colonies, mucoid.

Tabela 4.1: Características das colónias

Morfologia das colónias dos isolados bacterianos em ágar nutriente

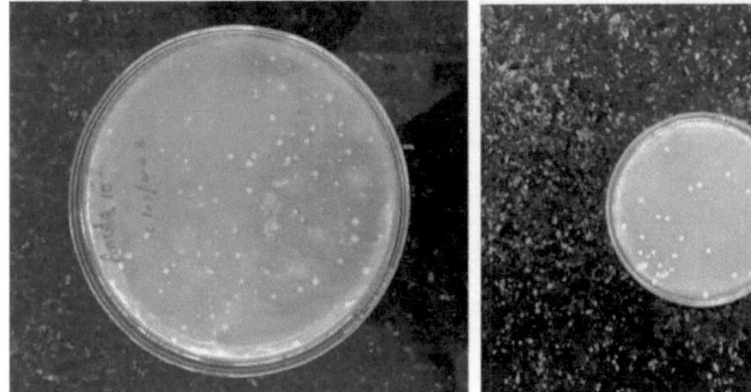

Figura 4.3: PLACA DE DISPERSÃO

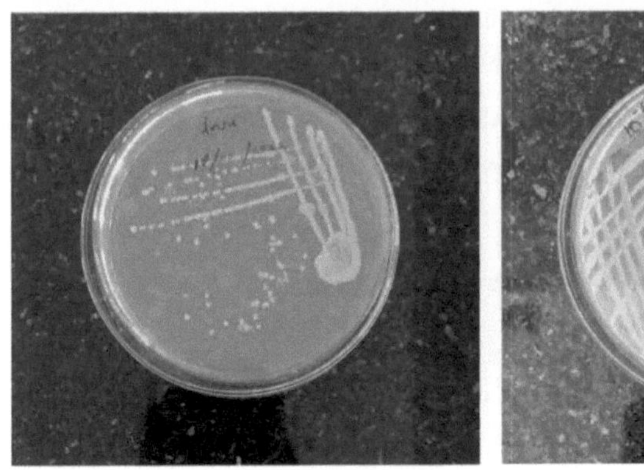

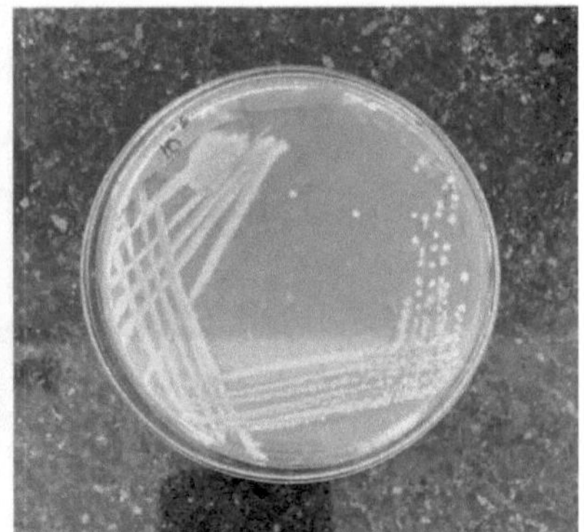

Figura 4.4: PLACA DE RANHURAS

ESTUDO MICROSCÓPICO DE ISOLADOS DE BACTÉRIAS

As colónias isoladas são seleccionadas e subcultivadas em placas de ágar nutriente e estas

colónias foram coradas para posterior identificação. Os resultados da coloração de Gram
e da motilidade foram registados no quadro.

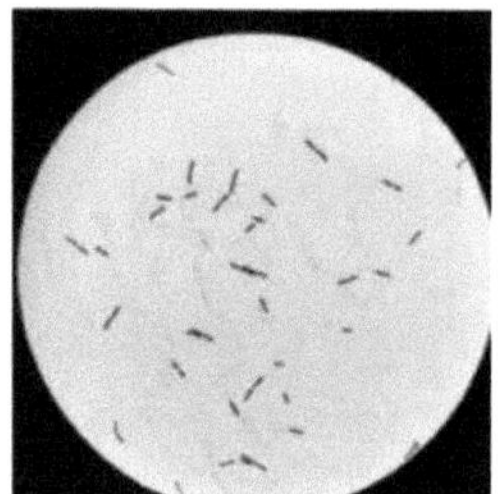

Figura 4.5: ESTAMPA DE GRAMAS

Colony	Gram staining	Motility
ANC1 Strain	Gram positive, rod shaped bacteria	Non-motile
ANC2 Strain	Gram positive, rod shaped bacteria	Motile

Tabela 4.2: Características Microscópicas das Bactérias

CARACTERÍSTICAS MORFOLÓGICAS E BIOQUÍMICAS DAS BACTÉRIAS ISOLADAS

Teste do indole:

Estirpe ANC1: negativa, coloração amarela, sem alteração da cor.

Estirpe ANC2: negativa, coloração amarela, sem alteração da cor.

Teste do vermelho de metilo:

Estirpe ANC1: negativa, sem alteração da cor, coloração amarela

Estirpe ANC2: negativa, sem alteração da cor, coloração amarela

Teste de Voges-Proskauer (VP)

Estirpe ANC1; positivo, o teste é indicado pelo desenvolvimento de uma cor castanha-avermelhada após a adição de 5% de α-naftol e 40% de KOH .

Estirpe ANC2; positivo, o teste é indicado pelo desenvolvimento de uma cor castanha-avermelhada após a adição de 5% de α-naftol e 40% de KOH

Teste de utilização de citrato:

Estirpe ANC1: Negativo, sem alteração da cor verde original.

Estirpe ANC2: Resultado positivo, citrato, indicado pelo crescimento e uma mudança de cor de verde para prussiano.

Teste da catalase:

Estirpe ANC1: Positivo, Evolução rápida de O2 (com 5 - 10 seg.) como evidência por borbulhamento.

Estirpe ANC2: Positivo, Evolução rápida de O2 (com 5 - 10 seg.) como evidência de borbulhamento.

Teste da urease:

Estirpe ANC1: Negativo, sem alteração da cor, coloração amarelo-alaranjada.

Estirpe ANC2: Negativo, sem alteração da cor, coloração amarelo-alaranjada.

ENSAIO DE FERMENTAÇÃO DE HIDRATOS DE CARBONO:

Estirpe ANC1: Positivo, ao inocular o isolado no tubo que contém o tubo de Durham, após incubação, a cor do meio muda de vermelho para amarelo, indicando a produção de ácido. Estirpe ANC2: Positiva, ao inocular o isolado no tubo que contém o tubo de Durham, após a incubação a cor do meio muda de vermelho para amarelo, indicando a produção de ácido.

TESTE DE HIDRÓLISE DO AMIDO:

Estirpe ANC1: positiva, uma zona clara em torno da linha de crescimento após a adição de solução de iodo. Estirpe ANC2: positiva, uma zona clara em torno da linha de crescimento após a adição de solução de iodo.

Biochemical tests	ANC1 Strain	ANC2 Strain
Indole test	Negative	Negative
Methyl-red test	Negative	Negative
Voges-Proskauer test	Positive	Positive
Citrate utilization test	Negative	Positive
Catalase test	Positive	Positive
Urease test	Negative	Negative
Carbohydrate fermentation test	Positive	Positive
Starch hydrolysis test	Positive	Positive
Oxidase test	Positive	Negative

Tabela 4.3: Características bioquímicas das bactérias isoladas

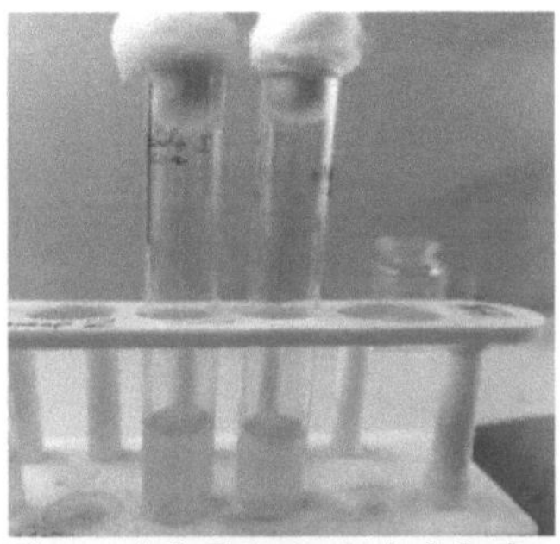
Figura 4.6: O teste do indole é negativo em ambas as estirpes.

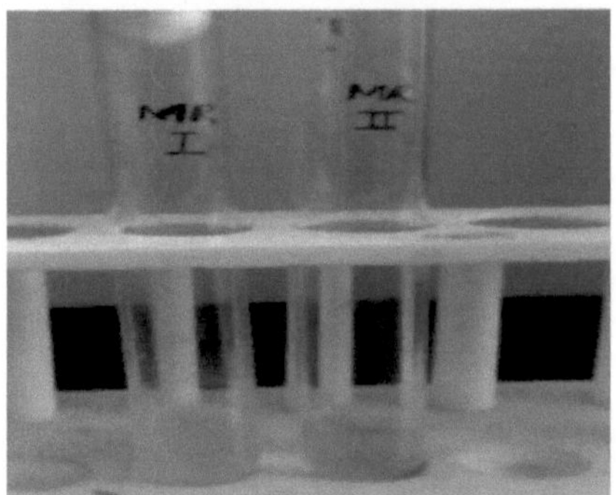
Figura 4.7: O teste MR é negativo em ambas as estirpes

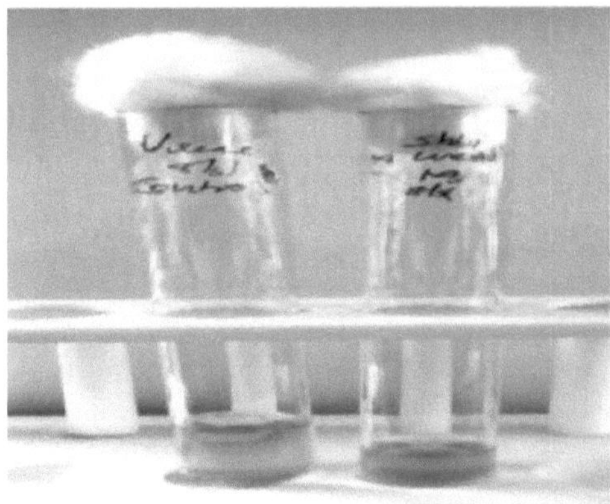
Figura 4.8: O teste VP é positivo em ambas as estirpes.

Figura 4.9: O teste de utilização de citrato é negativo na estirpe ANC1 e positivo na estirpe ANC2

 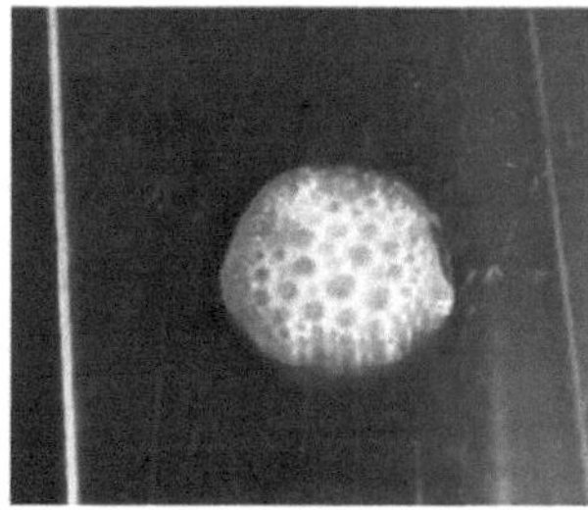

Figura 4.10: O teste da catalase é positivo em ambas as estirpes.

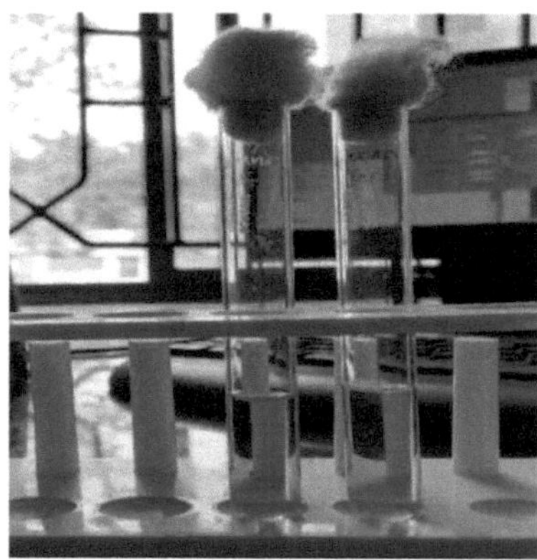

Figura 4.11: O teste da urease é negativo em ambas as estirpes.

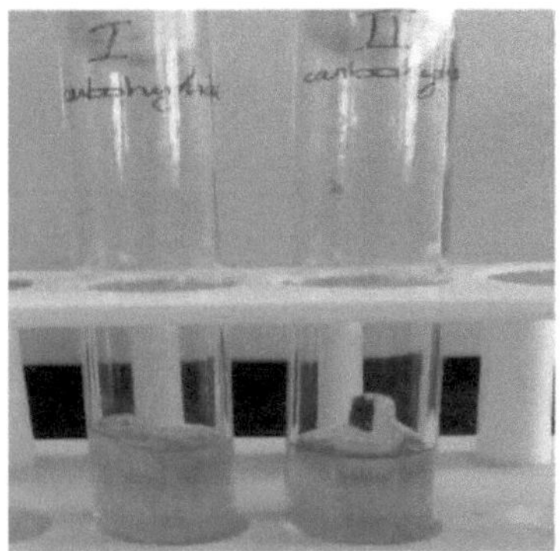

Figura 4.12: O teste de fermentação de hidratos de carbono é positivo em ambas as estirpes.

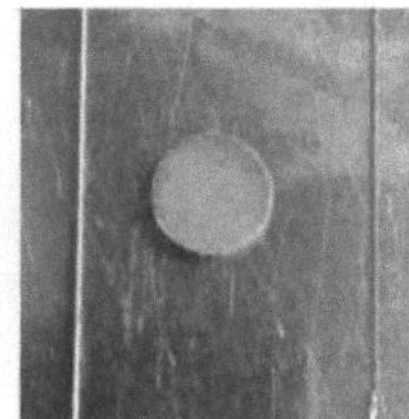

Figura 4.13: Teste da oxidase negativo na estirpe ANC2 e positivo na estirpe ANC1

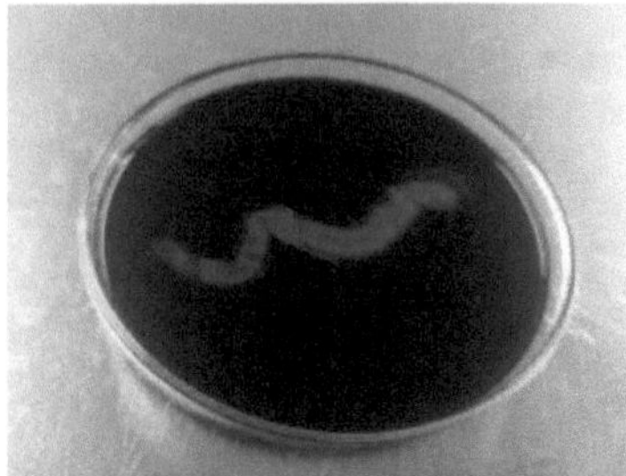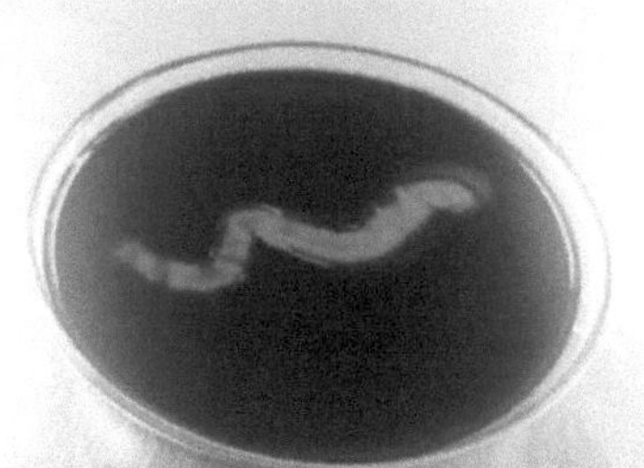

Figura 4.14: O teste de hidrólise do amido é positivo em ambas as estirpes.

IDENTIFICAÇÃO DA BASE MOLECULAR

O isolamento do ADN foi efectuado e validado por eletroforese em gel de agarose. A sequenciação do 16S rRNA foi efectuada utilizando o primer 16S rRNA. Ao analisar os resultados, os isolados bacterianos foram identificados como *Bacillus cereus* e *Bacillus albus*.

ANC01_17F (914 bp)

CAAGTCGAGCGGAATGGATTAAGAGCTTGCTCTTATGAAGTTAGCGGCGGACGGGTGAGTA
ACACGTGGGTAACCTGCCCATAAGACTGGGATAACTCCGGGAAACCGGGGCTAATACCGG
ATAACATTTTGAACTGCATGGTTCGAAATTGAAAGGCGGCTTCGGCTGTCACTTATGGAT
GGACCCGCGTCGCATTAGCTAGTTGGTGAGGTAACGGCTCACCAAGGCAACGATGGGTAG
CCGACCTGAGAGGGTGATCGGCCACACTGGGACTGAGACACGGCCCAGACTCCTACGGGA
GGCAGCAGTAGGGAATCTTCCGCAATGGACGAAAGTCTGACGGAGCAACGCCGCGTGAGT
GATGAAGGCTTTCGGGTCGTAAAACTCTGTTGTTAGGGAAGAACAAGTGCTAGTTGAATA
AGCTGGCACCTTGACGGTACCTAACCAGAAAGCCACGGCTAACTACGTGCCAGCAGCCGC

GGTAATACGTAGGTGGCAAGCGTTATCCGGAATTATTGGGCGTAAAGCGCGCGCAGGTGG

TTTCTTAAGTCTGATGTGAAAGCCCACGGCTCAACCGTGGAGGGTCATTGGAAACTGGGA

GACTTGAGTGCAGAAGAGGAAAGTGGAATTCCATGTGTAGCGGTGAAATGCGTAGAGATA

TGGAGGAACACCAGTGGCGAAGGCGACTTTCTGGTCTGTAACTGACACTGAGGCGCGAAA

GCGTGGGGAGCAAACAGGATTAGATACCCTGGTAGTCCACGCCGTAAACGATGAGTGCTA

AGTGTTAGAGGGTTTCCGCCCTTTAGTGCTGAAGTTAACGCATTAAGCACTCCGCCTGGG

GAGTACGGCCGCAAGGCTGAAACTCAAAGGAATTGACGGGGGCCCGCACAAGCGGTGGAG

CATGTGGTTTAATT

>ANC01_1492RC (846 bp)

GTGAAAGCCCACGGCTCAACCGTGGAGGGTCATTGGAAACTGGGAGACTTGAGTGCAGAA

GAGGAAAGTGGAATTCCATGTGTAGCGGTGAAATGCGTAGAGATATGGAGGAACACCAGT

GGCGAAGGCGACTTTCTGGTCTGTAACTGACACTGAGGCGCGAAAGCGTGGGGAGCAAAC

AGGATTAGATACCCTGGTAGTCCACGCCGTAAACGATGAGTGCTAAGTGTTAGAGGGTTT

CCGCCCTTTAGTGCTGAAGTTAACGCATTAAGCACTCCGCCTGGGGAGTACGGCCGCAAG

GCTGAAACTCAAAGGAATTGACGGGGGCCCGCACAAGCGGTGGAGCATGTGGTTTAATTC

GAAGCAACGCGAAGAACCTTACCAGGTCTTGACATCCTCTGACAACCCTAGAGATAGGGC

TTCTCCTTCGGGAGCAGAGTGACAGGTGGTGCATGGTTGTCGTCAGCTCGTGTCGTGAGA

TGTTGGGTTAAGTCCCGCAACGAGCGCAACCCTTGATCTTAGTTGCCATCATTTAGTTGG

GCACTCTAAGGTGACTGCCGGTGACAAACCGGAGGAAGGTGGGGATGACGTCAAATCATC

ATGCCCCTTATGACCTGGGCTACACACGTGCTACAATGGACGGTACAAAGAGCTGCAAGA

CCGCGAGGTGGAGCTAATCTCATAAAACCGTTCTCAGTTCGGATTGTAGGCTGCAACTCG

CCTACATGAAGCTGGAATCGCTAGTAATCGCGGATCAGCATGCCGCGGTGAATACGTTCC

CGGGCCTTGTACACACCGCCCGTCACACCACGAGAGTTTGTAACACCCGAAGTCGGTGGG

GTAACC

CLUSTAL O(1.2.4) multiple sequence alignment

```
ANC01_27F      CAAGTCGAGCGAATGGATTAAGAGCTTGCTCTTATGAAGTTAGCGGCGGACGGGTGAGTA      60
ANC01_1492RC   ------------------------------------------------------------       0


ANC01_27F      ACACGTGGGTAACCTGCCCATAAGACTGGGATAACTCCGGGAAACCGGGGCTAATACCGG     120
ANC01_1492RC   ------------------------------------------------------------       0


ANC01_27F      ATAACATTTTGAACTGCATGGTTCGAAATTGAAAGGCGGCTTCGGCTGTCACTTATGGAT     180
ANC01_1492RC   ------------------------------------------------------------       0


ANC01_27F      GGACCCGCGTCGCATTAGCTAGTTGGTGAGGTAACGGCTCACCAAGGCAACGATGCGTAG     240
ANC01_1492RC   ------------------------------------------------------------       0


ANC01_27F      CCGACCTGAGAGGGTGATCGGCCACACTGGGACTGAGACACGGCCCAGACTCCTACGGGA     300
ANC01_1492RC   ------------------------------------------------------------       0


ANC01_27F      GGCAGCAGTAGGGAATCTTCCGCAATGGACGAAAGTCTGACGGAGCAACGCCGCGTGAGT     360
ANC01_1492RC   ------------------------------------------------------------       0
```

```
ANC01_27F       GATGAAGGCTTTCGGGTCGTAAAACTCTGTTGTTAGGGAAGAACAAGTGCTAGTTGAATA    420
ANC01_1492RC    ------------------------------------------------------------    0


ANC01_27F       AGCTGGCACCTTGACGGTACCTAACCAGAAAGCCACGGCTAACTACGTGCCAGCAGCCGC    480
ANC01_1492RC    ------------------------------------------------------------    0


ANC01_27F       GGTAATACGTAGGTGGCAAGCGTTATCCGGAATTATTGGGCGTAAAGCGCGCGCAGGTGG    540
ANC01_1492RC    ------------------------------------------------------------    0


ANC01_27F       TTTCTTAAGTCTGATGTGAAAGCCCACGGCTCAACCGTGGAGGGTCATTGGAAACTGGGA    600
ANC01_1492RC    --------------GTGAAAGCCCACGGCTCAACCGTGGAGGGTCATTGGAAACTGGGA    45
                              *********************************************


ANC01_27F       GACTTGAGTGCAGAAGAGGAAAGTGGAATTCCATGTGTAGCGGTGAAATGCGTAGAGATA    660
ANC01_1492RC    GACTTGAGTGCAGAAGAGGAAAGTGGAATTCCATGTGTAGCGGTGAAATGCGTAGAGATA    105
                ********************************************************** **


ANC01_27F       TGGAGGAACACCAGTGGCGAAGGCGACTTTCTGGTCTGTAACTGACACTGAGGCGCGAAA    720
ANC01_1492RC    TGGAGGAACACCAGTGGCGAAGGCGACTTTCTGGTCTGTAACTGACACTGAGGCGCGAAA    165
                ************************************************************


ANC01_27F       GCGTGGGGAGCAAACAGGATTAGATACCCTGGTAGTCCACGCCGTAAACGATGAGTGCTA    780
ANC01_1492RC    GCGTGGGGAGCAAACAGGATTAGATACCCTGGTAGTCCACGCCGTAAACGATGAGTGCTA    225
                ************************************************************


ANC01_27F       AGTGTTAGAGGGTTTCCGCCCTTTAGTGCTGAAGTTAACGCATTAAGCACTCCGCCTGGG    840
ANC01_1492RC    AGTGTTAGAGGGTTTCCGCCCTTTAGTGCTGAAGTTAACGCATTAAGCACTCCGCCTGGG    285
                ************************************************************


ANC01_27F       GAGTACGGCCGCAAGGCTGAAACTCAAAGGAATTGACGGGGGCCCGCACAAGCGGTGGAG    900
ANC01_1492RC    GAGTACGGCCGCAAGGCTGAAACTCAAAGGAATTGACGGGGGCCCGCACAAGCGGTGGAG    345
                ************************************************************


ANC01_27F       CATGTGGTTTAATT----------------------------------------------    914
ANC01_1492RC    CATGTGGTTTAATTCGAAGCAACGCGAAGAACCTTACCAGGTCTTGACATCCTCTGACAA    405
                **************


ANC01_27F       ------------------------------------------------------------    914
ANC01_1492RC    CCCTAGAGATAGGGCTTCTCCTTCGGGAGCAGAGTGACAGGTGGTGCATGGTTGTCGTCA    465


ANC01_27F       ------------------------------------------------------------    914
ANC01_1492RC    GCTCGTGTCGTGAGATGTTGGGTTAAGTCCCGCAACGAGCGCAACCCTTGATCTTAGTTG    525


ANC01_27F       ------------------------------------------------------------    914
ANC01_1492RC    CCATCATTTAGTTGGGCACTCTAAGGTGACTGCCGGTGACAAACCGGAGGAAGGTGGGGA    585


ANC01_27F       ------------------------------------------------------------    914
ANC01_1492RC    TGACGTCAAATCATCATGCCCCTTATGACCTGGGCTACACACGTGCTACAATGGACGGTA    645


ANC01_27F       ------------------------------------------------------------    914
ANC01_1492RC    CAAAGAGCTGCAAGACCGCGAGGTGGAGCTAATCTCATAAAACCGTTCTCAGTTCGGATT    705


ANC01_27F       ------------------------------------------------------------    914
ANC01_1492RC    GTAGGCTGCAACTCGCCTACATGAAGCTGGAATCGCTAGTAATCGCGGATCAGCATGCCG    765


ANC01_27F       ------------------------------------------------------------    914
ANC01_1492RC    CGGTGAATACGTTCCCGGGCCTTGTACACACCGCCCGTCACACCACGAGAGTTTGTAACA    825


ANC01_27F       --------------------                    914
ANC01_1492RC    CCCGAAGTCGGTGGGGTAACC                    846
```

> **_Bacillus albus_** ANC01

ACACGTGGGTAACCTGCCCATAAGACTGGGATAACTCCGGGAAACCGGGGCTAATACCGG

ATAACATTTTGAACTGCATGGTTCGAAATTGAAAGGCGGCTTCGGCTGTCACTTATGGAT

GGACCCGCGTCGCATTAGCTAGTTGGTGAGGTAACGGCTCACCAAGGCAACGATGCGTAG

CCGACCTGAGAGGGTGATCGGCCACACTGGGACTGAGACACGGCCCAGACTCCTACGGGA

GGCAGCAGTAGGGAATCTTCCGCAATGGACGAAAGTCTGACGGAGCAACGCCGCGTGAGT

GATGAAGGCTTTCGGGTCGTAAAACTCTGTTGTTAGGGAAGAACAAGTGCTAGTTGAATA

AGCTGGCACCTTGACGGTACCTAACCAGAAAGCCACGGCTAACTACGTGCCAGCAGCCGC

GGTAATACGTAGGTGGCAAGCGTTATCCGGAATTATTGGGCGTAAAGCGCGCGCAGGTGG

TTTCTTAAGTCTGATGTGAAAGCCCACGGCTCAACCGTGGAGGGTCATTGGAAACTGGGA

GACTTGAGTGCAGAAGAGGAAAGTGGAATTCCATGTGTAGCGGTGAAATGCGTAGAGATA

TGGAGGAACACCAGTGGCGAAGGCGACTTTCTGGTCTGTAACTGACACTGAGGCGCGAAA

GCGTGGGGAGCAAACAGGATTAGATACCCTGGTAGTCCACGCCGTAAACGATGAGTGCTA

AGTGTTAGAGGGTTTCCGCCCTTTAGTGCTGAAGTTAACGCATTAAGCACTCCGCCTGGG

GAGTACGGCCGCAAGGCTGAAACTCAAAGGAATTGACGGGGGCCCGCACAAGCGGTGGAG

CATGTGGTTTAATTCGAAGCAACGCGAAGAACCTTACCAGGTCTTGACATCCTCTGACAA

CCCTAGAGATAGGGCTTCTCCTTCGGGAGCAGAGTGACAGGTGGTGCATGGTTGTCGTCA

GCTCGTGTCGTGAGATGTTGGGTTAAGTCCCGCAACGAGCGCAACCCTTGATCTTAGTTG

CCATCATTTAGTTGGGCACTCTAAGGTGACTGCCGGTGACAAACCGGAGGAAGGTGGGGA

TGACGTCAAATCATCATGCCCCTTATGACCTGGGCTACACACGTGCTACAATGGACGGTC

AAAGAGCTGCAAGACCGCGAGGTGGAGCTAATCTCATAAAACCGTTCTCAGTTCGGATTG

TAGGCTGCAACTCGCCTACATGAAGCTGGAATCGCTAGTAATCGCGGATCAGCATGCCGC

GGTGAATACGTTCCCGGGCCTTGTACACACCGCCCGTCACACCACGAGAGTTTGTAACAC

CCGAAGTCGGTGGGGTAACC

Bacillus albus strain MCCC 1A02146 16S ribosomal RNA, partial sequence

Sequence ID: NR_157729.1 Length: 1509 Number of Matches: 1

Alignment statistics for match #1				
Score	Expect	Identities	Gaps	Strand
2459 bits(1331)	0.0	1338/1341(99%)	1/1341(0%)	Plus/Plus

```
Query  1    ACACGTGGGTAACCTGCCCATAAGACTGGGATAACTCCGGGAAACCGGGGCTAATACCGG  60
            ||||||||||||||||||||||||||||||||||||||||||||||||||||||||||||
Sbjct  111  ACACGTGGGTAACCTGCCCATAAGACTGGGATAACTCCGGGAAACCGGGGCTAATACCGG  170

Query  61   ATAACATTTTGAACTGCATGGTTCGAAATTGAAAGGCGGCTTCGGCTGTCACTTATGGAT  120
            |||||||||||||||  |||| ||||||||||||||||||||||||||||||||||||||
Sbjct  171  ATAACATTTTGAACCGCATGGTTCGAAATTGAAAGGCGGCTTCGGCTGTCACTTATGGAT  230

Query  121  GGACCCGCGTCGCATTAGCTAGTTGGTGAGGTAACGGCTCACCAAGGCAACGATGCGTAG  180
            ||||||||||||||||||||||||||||||||||||||||||||||||||||||||||||
Sbjct  231  GGACCCGCGTCGCATTAGCTAGTTGGTGAGGTAACGGCTCACCAAGGCAACGATGCGTAG  290

Query  181  CCGACCTGAGAGGGTGATCGGCCACACTGGGACTGAGACACGGCCCAGACTCCTACGGGA  240
            ||||||||||||||||||||||||||||||||||||||||||||||||||||||||||||
Sbjct  291  CCGACCTGAGAGGGTGATCGGCCACACTGGGACTGAGACACGGCCCAGACTCCTACGGGA  350
```

Query 241   GGCAGCAGTAGGGAATCTTCCGCAATGGACGAAAGTCTGACGGAGCAACGCCGCGTGAGT   300
             ||||||||||||||||||||||||||||||||||||||||||||||||||||||||||||
Sbjct 351   GGCAGCAGTAGGGAATCTTCCGCAATGGACGAAAGTCTGACGGAGCAACGCCGCGTGAGT   410

Query 301   GATGAAGGCTTTCGGGTCGTAAAACTCTGTTGTTAGGGAAGAACAAGTGCTAGTTGAATA   360
             ||||||||||||||||||||||||||||||||||||||||||||||||||||||||||||
Sbjct 411   GATGAAGGCTTTCGGGTCGTAAAACTCTGTTGTTAGGGAAGAACAAGTGCTAGTTGAATA   470

Query 361   AGCTGGCACCTTGACGGTACCTAACCAGAAAGCCACGGCTAACTACGTGCCAGCAGCCGC   420
             ||||||||||||||||||||||||||||||||||||||||||||||||||||||||||||
Sbjct 471   AGCTGGCACCTTGACGGTACCTAACCAGAAAGCCACGGCTAACTACGTGCCAGCAGCCGC   530

Query 421   GGTAATACGTAGGTGGCAAGCGTTATCCGGAATTATTGGGCGTAAAGCGCGCGCAGGTGG   480
             ||||||||||||||||||||||||||||||||||||||||||||||||||||||||||||
Sbjct 531   GGTAATACGTAGGTGGCAAGCGTTATCCGGAATTATTGGGCGTAAAGCGCGCGCAGGTGG   590

Query 481   TTTCTTAAGTCTGATGTGAAAGCCCACGGCTCAACCGTGGAGGGTCATTGGAAACTGGGA   540
             ||||||||||||||||||||||||||||||||||||||||||||||||||||||||||||
Sbjct 591   TTTCTTAAGTCTGATGTGAAAGCCCACGGCTCAACCGTGGAGGGTCATTGGAAACTGGGA   650

Query 541   GACTTGAGTGCAGAAGAGGAAAGTGGAATTCCATGTGTAGCGGTGAAATGCGTAGAGATA   600
             ||||||||||||||||||||||||||||||||||||||||||||||||||||||||||||
Sbjct 651   GACTTGAGTGCAGAAGAGGAAAGTGGAATTCCATGTGTAGCGGTGAAATGCGTAGAGATA   710

Query 601   TGGAGGAACACCAGTGGCGAAGGCGACTTTCTGGTCTGTAACTGACACTGAGGCGCGAAA   660
             ||||||||||||||||||||||||||||||||||||||||||||||||||||||||||||
Sbjct 711   TGGAGGAACACCAGTGGCGAAGGCGACTTTCTGGTCTGTAACTGACACTGAGGCGCGAAA   770

Query 661   GCGTGGGGAGCAAACAGGATTAGATACCCTGGTAGTCCACGCCGTAAACGATGAGTGCTA   720
             ||||||||||||||||||||||||||||||||||||||||||||||||||||||||||||
Sbjct 771   GCGTGGGGAGCAAACAGGATTAGATACCCTGGTAGTCCACGCCGTAAACGATGAGTGCTA   830

Query 721   AGTGTTAGAGGGTTTCCGCCCTTTAGTGCTGAAGTTAACGCATTAAGCACTCCGCCTGGG   780
             ||||||||||||||||||||||||||||||||||||||||||||||||||||||||||||
Sbjct 831   AGTGTTAGAGGGTTTCCGCCCTTTAGTGCTGAAGTTAACGCATTAAGCACTCCGCCTGGG   890

Query 781   GAGTACGGCCGCAAGGCTGAAACTCAAAGGAATTGACGGGGGCCCGCACAAGCGGTGGAG   840
             ||||||||||||||||||||||||||||||||||||||||||||||||||||||||||||
Sbjct 891   GAGTACGGCCGCAAGGCTGAAACTCAAAGGAATTGACGGGGGCCCGCACAAGCGGTGGAG   950

Query 841   CATGTGGTTTAATTCGAAGCAACGCGAAGAACCTTACCAGGTCTTGACATCCTCTGACAA   900
             ||||||||||||||||||||||||||||||||||||||||||||||||||||||||||||
Sbjct 951   CATGTGGTTTAATTCGAAGCAACGCGAAGAACCTTACCAGGTCTTGACATCCTCTGACAA   1010

Query 901   CCCTAGAGATAGGGCTTCTCCTTCGGGAGCAGAGTGACAGGTGGTGCATGGTTGTCGTCA   960
             ||||||||||||||||||||||||||||||||||||||||||||||||||||||||||||
Sbjct 1011 CCCTAGAGATAGGGCTTCTCCTTCGGGAGCAGAGTGACAGGTGGTGCATGGTTGTCGTCA   1070

Query 961   GCTCGTGTCGTGAGATGTTGGGTTAAGTCCCGCAACGAGCGCAACCCTTGATCTTAGTTG   1020
             ||||||||||||||||||||||||||||||||||||||||||||||||||||||||||||
Sbjct 1071 GCTCGTGTCGTGAGATGTTGGGTTAAGTCCCGCAACGAGCGCAACCCTTGATCTTAGTTG   1130

Query 1021 CCATCATTTAGTTGGGCACTCTAAGGTGACTGCCGGTGACAAACCGGAGGAAGGTGGGGA   1080
             |||||||| |||||||||||||||||||||||||||||||||||||||||||||||||||
Sbjct 1131 CCATCATTAAGTTGGGCACTCTAAGGTGACTGCCGGTGACAAACCGGAGGAAGGTGGGGA   1190

Query 1081 TGACGTCAAATCATCATGCCCCTTATGACCTGGGCTACACACGTGCTAGAATGGACGGT-   1139
             |||||||||||||||||||||||||||||||||||||||||||||||||||| |||||
Sbjct 1191 TGACGTCAAATCATCATGCCCCTTATGACCTGGGCTACACACGTGCTACAATGGACGGTA   1250

Query 1140 CAAAGAGCTGCAAGACCGCGAGGTGGAGCTAATCTCATAAAACCGTTCTCAGTTCGGATT   1199
             ||||||||||||||||||||||||||||||||||||||||||||||||||||||||||||
Sbjct 1251 CAAAGAGCTGCAAGACCGCGAGGTGGAGCTAATCTCATAAAACCGTTCTCAGTTCGGATT   1310

Query 1200 GTAGGCTGCAACTCGCCTACATGAAGCTGGAATCGCTAGTAATCGCGGATCAGCATGCCG   1259
             ||||||||||||||||||||||||||||||||||||||||||||||||||||||||||||
Sbjct 1311 GTAGGCTGCAACTCGCCTACATGAAGCTGGAATCGCTAGTAATCGCGGATCAGCATGCCG   1370

Query 1260 CGGTGAATACGTTCCCGGGCCTTGTACACACCGCCCGTCACACCACGAGAGTTTGTAACA   1319
             ||||||||||||||||||||||||||||||||||||||||||||||||||||||||||||
Sbjct 1371 CGGTGAATACGTTCCCGGGCCTTGTACACACCGCCCGTCACACCACGAGAGTTTGTAACA   1430

Query 1320 CCCGAAGTCGGTGGGGTAACC   1340
             |||||||||||||||||||||
Sbjct 1431 CCCGAAGTCGGTGGGGTAACC   1451

>ANC02_904bp

```
TGCAGTCGAGCGAATGGATTAAGAGCTTGCTCTTATGAAGTTAGCGGCGGACGGGTGAGT
AACACGTGGGTAACCTGCCCATAAGACTGGGATAACTCCGGGAAACCGGGGCTAATACCG
GATAACATTTTGAACCGCATGGTTCGAAATTGAAAGGCGGCTTCGGCTGTCACTTATGGA
TGGACCCGCGTCGCATTAGCTAGTTGGTGAGGTAACGGCTCACCAAGGCAACGATGCGTA
GCCGACCTGAGAGGGTGATCGGCCACACTGGGACTGAGACACGGCCCAGACTCCTACGGG
AGGCAGCAGTAGGGAATCTTCCGCAATGGACGAAAGTCTGACGGAGCAACGCCGCGTGAG
TGATGAAGGCTTTCGGGTCGTAAAACTCTGTTGTTAGGGAAGAACAAGTGCTAGTTGAAT
AAGCTGGCACCTTGACGGTACCTAACCAGAAAGCCACGGCTAACTACGTGCCAGCAGCCG
CGGTAATACGTAGGTGGCAAGCGTTATCCGGAATTATTGGGCGTAAAGCGCGCGCAGGTG
GTTTCTTAAGTCTGATGTGAAAGCCCACGGCTCAACCGTGGAGGGTCATTGGAAACTGGG
AGACTTGAGTGCAGAAGAGGAAAGTGGAATTCCATGTGTAGCGGTGAAATGCGTAGAGAT
ATGGAGGAACACCAGTGGCGAAGGCGACTTTCTGGTCTGTAACTGACACTGAGGCGCGAA
AGCGTGGGGAGCAAACAGGATTAGATACCCTGGTAGTCCACGCCGTAAACGATGAGTGCT
AAGTGTTAGAGGGTTTCCGCCCTTTAGTGCTGAAGTTAACGCATTAAGCACTCCGCCTGG
GGAGTACGGCCGCAAGGCTGAAACTCAAAGGAATTGACGGGGCCCGCACAAGCGGTGGAG
CATG
```

Nucleotide Blast

Bacillus cereus strain YLB-P5 16S ribosomal RNA gene, partial sequence

Sequence ID: KF376341.1 **Length:** 1042 **Number of Matches:** 1

Alignment statistics for match #1				
Score	Expect	Identities	Gaps	Strand
1670 bits(904)	0.0	904/904(100%)	0/904(0%)	Plus/Plus

```
Query  1    TGCAGTCGAGCGAATGGATTAAGAGCTTGCTCTTATGAAGTTAGCGGCGGACGGGTGAGT  60
            ||||||||||||||||||||||||||||||||||||||||||||||||||||||||||||
Sbjct  18   TGCAGTCGAGCGAATGGATTAAGAGCTTGCTCTTATGAAGTTAGCGGCGGACGGGTGAGT  77

Query  61   AACACGTGGGTAACCTGCCCATAAGACTGGGATAACTCCGGGAAACCGGGGCTAATACCG  120
            ||||||||||||||||||||||||||||||||||||||||||||||||||||||||||||
Sbjct  78   AACACGTGGGTAACCTGCCCATAAGACTGGGATAACTCCGGGAAACCGGGGCTAATACCG  137

Query  121  GATAACATTTTGAACCGCATGGTTCGAAATTGAAAGGCGGCTTCGGCTGTCACTTATGGA  180
            ||||||||||||||||||||||||||||||||||||||||||||||||||||||||||||
Sbjct  138  GATAACATTTTGAACCGCATGGTTCGAAATTGAAAGGCGGCTTCGGCTGTCACTTATGGA  197

Query  181  TGGACCCGCGTCGCATTAGCTAGTTGGTGAGGTAACGGCTCACCAAGGCAACGATGCGTA  240
            ||||||||||||||||||||||||||||||||||||||||||||||||||||||||||||
Sbjct  198  TGGACCCGCGTCGCATTAGCTAGTTGGTGAGGTAACGGCTCACCAAGGCAACGATGCGTA  257

Query  241  GCCGACCTGAGAGGGTGATCGGCCACACTGGGACTGAGACACGGCCCAGACTCCTACGGG  300
            ||||||||||||||||||||||||||||||||||||||||||||||||||||||||||||
Sbjct  258  GCCGACCTGAGAGGGTGATCGGCCACACTGGGACTGAGACACGGCCCAGACTCCTACGGG  317

Query  301  AGGCAGCAGTAGGGAATCTTCCGCAATGGACGAAAGTCTGACGGAGCAACGCCGCGTGAG  360
            ||||||||||||||||||||||||||||||||||||||||||||||||||||||||||||
Sbjct  318  AGGCAGCAGTAGGGAATCTTCCGCAATGGACGAAAGTCTGACGGAGCAACGCCGCGTGAG  377

Query  361  TGATGAAGGCTTTCGGGTCGTAAAACTCTGTTGTTAGGGAAGAACAAGTGCTAGTTGAAT  420
```

```
         ||||||||||||||||||||||||||||||||||||||||||||||||||||||||||||
TGATGAAGGCTTTCGGGTCGTAAAACTCTGTTGTTAGGGAAGAACAAGTGCTAGTTGAAT   437

Query   421   AAGCTGGCACCTTGACGGTACCTAACCAGAAAGCCACGGCTAACTACGTGCCAGCAGCCG   480
              ||||||||||||||||||||||||||||||||||||||||||||||||||||||||||||
Sbjct   438   AAGCTGGCACCTTGACGGTACCTAACCAGAAAGCCACGGCTAACTACGTGCCAGCAGCCG   497

Query   481   CGGTAATACGTAGGTGGCAAGCGTTATCCGGAATTATTGGGCGTAAAGCGCGCGCAGGTG   540
              ||||||||||||||||||||||||||||||||||||||||||||||||||||||||||||
Sbjct   498   CGGTAATACGTAGGTGGCAAGCGTTATCCGGAATTATTGGGCGTAAAGCGCGCGCAGGTG   557

Query   541   GTTTCTTAAGTCTGATGTGAAAGCCCACGGCTCAACCGTGGAGGGTCATTGGAAACTGGG   600
              ||||||||||||||||||||||||||||||||||||||||||||||||||||||||||||
Sbjct   558   GTTTCTTAAGTCTGATGTGAAAGCCCACGGCTCAACCGTGGAGGGTCATTGGAAACTGGG   617

Query   601   AGACTTGAGTGCAGAAGAGGAAAGTGGAATTCCATGTGTAGCGGTGAAATGCGTAGAGAT   660
              ||||||||||||||||||||||||||||||||||||||||||||||||||||||||||||
Sbjct   618   AGACTTGAGTGCAGAAGAGGAAAGTGGAATTCCATGTGTAGCGGTGAAATGCGTAGAGAT   677

Query   661   ATGGAGGAACACCAGTGGCGAAGGCGACTTTCTGGTCTGTAACTGACACTGAGGCGCGAA   720
              ||||||||||||||||||||||||||||||||||||||||||||||||||||||||||||
Sbjct   678   ATGGAGGAACACCAGTGGCGAAGGCGACTTTCTGGTCTGTAACTGACACTGAGGCGCGAA   737

Query   721   AGCGTGGGGAGCAAACAGGATTAGATACCCTGGTAGTCCACGCCGTAAACGATGAGTGCT   780
              ||||||||||||||||||||||||||||||||||||||||||||||||||||||||||||
Sbjct   738   AGCGTGGGGAGCAAACAGGATTAGATACCCTGGTAGTCCACGCCGTAAACGATGAGTGCT   797

Query   781   AAGTGTTAGAGGGTTTCCGCCCTTTAGTGCTGAAGTTAACGCATTAAGCACTCCGCCTGG   840
              ||||||||||||||||||||||||||||||||||||||||||||||||||||||||||||
Sbjct   798   AAGTGTTAGAGGGTTTCCGCCCTTTAGTGCTGAAGTTAACGCATTAAGCACTCCGCCTGG   857

Query   841   GGAGTACGGCCGCAAGGCTGAAAACTCAAAGGAATTGACGGGGCCCGCACAAGCGGTGGAG   900
              ||||||||||||||||||||||||||||||||||||||||||||||||||||||||||||
Sbjct   858   GGAGTACGGCCGCAAGGCTGAAAACTCAAAGGAATTGACGGGGCCCGCACAAGCGGTGGAG   917

Query   901   CATG   904
              ||||
Sbjct   918   CATG   921
```

ANTIMICROBIAL ACTIVITY

Antimicrobial Activity Of Chitinase

Figure 4.15 : Antimicrobial activity of Chitinase

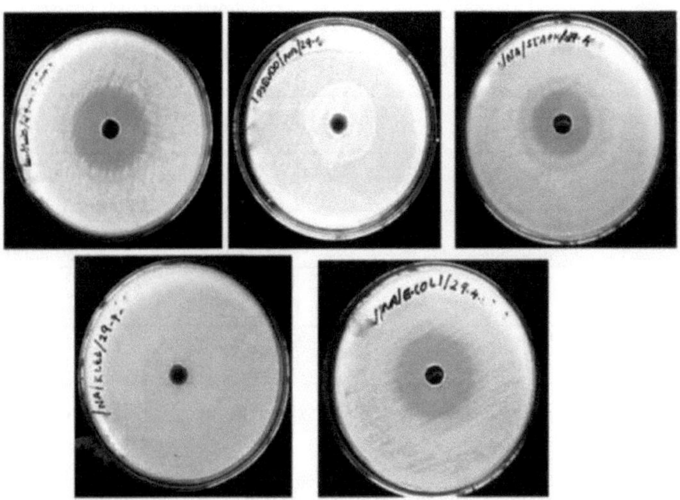

Antimicrobial Activity Of Chloramphenicol

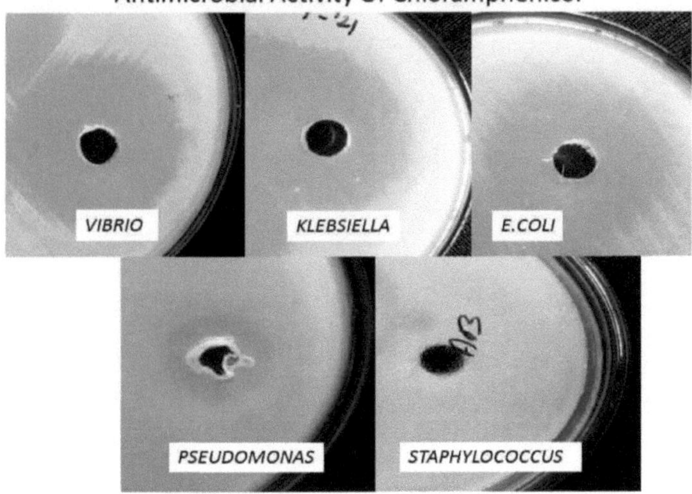

Figura 4.16: Atividade antimicrobiana do cloranfenicol

Tabela 4.4: Atividade antimicrobiana da quitinase e do cloranfenicol

TEST ORGANISM	DIAMETER OF INHIBITION ZONE (mm) [Chitinase]	DIAMETER OF INHIBIION ZONE (mm) [Chloramphenicol (25 ug/ml) - control]
Pseudomonas	No zone	20 mm
Klebsiella	No zone	32 mm
Vibrio	33 mm	32 mm
Staphylococcus	25 mm	No zone
E.coli	32 mm	31 mm

Vibrio, E.coli e *Staphylococcus sp* foram susceptíveis à quitinase e *Pseudomonas* e *Klebsiella* foram resistentes à quitinase.

5. DISCUSSÃO

As quitinases desempenham um papel importante na degradação dos resíduos quitinosos da indústria dos produtos do mar, mantendo assim o equilíbrio carbono-nitrogénio no ambiente através da utilização de resíduos de crustáceos. Os resíduos de caranguejo e de camarão são considerados como uma fonte importante de quitina. A presença de micróbios quitinolíticos indica a disponibilidade de quitina no solo. As quitinases também desempenham um papel importante em muitas áreas, como a produção de proteínas unicelulares, factores de crescimento, controlo de mosquitos, agente de biocontrolo de agentes patogénicos fúngicos e isolamento de protoplastos fúngicos. Assim, a necessidade de produção de quitinase microbiana aumentou, e serve dois objectivos:

(i)   reduzir os riscos ambientais

(ii)   aumenta a produção de produtos de valor acrescentado importantes para a indústria.

As bactérias quitinolíticas são bactérias que podem degradar a quitina através da utilização da enzima quitinase. A atividade quitinolítica também ocorre na água e no solo contaminados por resíduos de conchas de animais Crustacea, onde a maioria dos microrganismos presentes na água são bons degradadores de quitina e a maioria destes microrganismos utiliza a quitina como fonte de azoto e carbono. A quitina é o segundo polissacárido mais importante na natureza, a seguir à celulose, que é formada por unidades monoméricas de β-1,4- N-acetil-D-glucosamina. Os oligómeros e os derivados da quitina que são úteis podem ser obtidos através da

degradação do composto de quitina. A quitina pode ser degradada química e enzimaticamente. A enzima quitinase produzida por microrganismos quitinolíticos tem um elevado potencial para degradar resíduos contendo quitina, devido ao facto de a presença da enzima quitinase permitir a conversão da quitina abundante em produtos úteis. A quitinase de *Bacillus cereus* SV1 é inibida por Hg2+. Isto é semelhante ao caso das quitinases de outros microrganismos, por exemplo, *Aeromonas hydrophila* H-2330, *Vibrio sp., Nocardiopsis albus* subsp. Prasina OPC-131, *Nocardia oriental* is IFO 12806, *Streptomyces Cinereoruber, Streptomyces orientalis* e *Streptomyces Viridificans* (Wang e Hwang 2001). No entanto, a atividade da quitinase foi reforçada pelo Fe2+. Foi relatado que este ião ativa a atividade de quitinase de Microbispora sp. V2 (Nawani *et al.,* 2002) e Monascuspurpureus CCRC31499 (Wang *et al.,* 2002). De forma semelhante, outros relatórios mostram que diferentes espécies de *Bacillus* foram registadas como produtoras de quitinase, e o resultado do presente estudo também confirma o mesmo.

6. CONCLUSÃO

Este estudo teve como principal objetivo detetar a presença de bactérias produtoras de quitinase em resíduos marinhos, como os camarões *Metapenaeus*. A caraterização dos isolados bacterianos foi efectuada através de métodos bioquímicos e de identificação molecular. Na caraterização morfológica dos isolados bacterianos, foram efectuados testes de coloração de Gram e de motilidade. A identificação adicional foi efectuada por métodos bioquímicos que incluem o teste do indole, o teste do vermelho de metilo, o teste de Voges-Proskauer, o teste de utilização de citrato, o teste da catalase, o teste de hidrólise do amido, o teste da urease e o teste de fermentação de hidratos de carbono. Nestes testes, ambas as estirpes mostraram-se negativas para o teste do indole, o teste do vermelho de metilo e o teste da urease. Ambas as estirpes apresentaram resultados positivos no teste de Voges-Proskauer, no teste da catalase, no teste da fermentação de hidratos de carbono e no teste da hidrólise do amido. *O Bacillus albus apresentou resultados negativos no* teste de utilização de citratos, enquanto *o Bacillus cereus* apresentou resultados positivos neste teste.

Para a identificação dos isolados bacterianos seleccionados através da sequenciação parcial do ARNr 16s, o ADN foi isolado pelo método convencional, seguido da reação em cadeia da polimerase (PCR) para amplificar o ADN. A separação do tamanho foi efectuada por eletroforese em gel de agarose. Identificação molecular dos isolados bacterianos através da sequência 16S r RNA. O ADN isolado das culturas puras foi amplificado. O produto da PCR do ARNr 16S amplificado foi sequenciado no AgriGenom Labs Pvt. Ltd. em Cochin, Kerala. A pesquisa de semelhança da sequência de 16S rRNA foi efectuada através de BLAST. Os organismos foram identificados como *Bacillus albus e Bacillus cereus.*

7. REFERÊNCIAS

❖ Ajit NS, Verma R, Shanmugam V. Quitinases extracelulares de pseudomonas fluorescentes antifúngicas para Fusariumoxysporum f sp. dianthi causando a murcha do cravo. CurrMicrobiol 2006;52 Suppl 4:310-6.

❖ Akagi K, Watanabe J, Hara M, Kezuka Y, Chikaishi E, Yamaguchi T, et al. Identificação da região de interação com o substrato do domínio de ligação à quitina da quitinase C de Streptomyces griseous. J Biochem 2006;139 Suppl 3:483-93.

❖ Altschul SF, Madden TL, Schaffer AA, Zhang J, Zhan Z, Miller W, et al. Gapped BLAST e PSI-BLAST: Uma nova geração de programas de pesquisa de bases de dados de proteínas. Nucleic Acids Res 1997;25 Suppl 17:3389-402.

❖ C. Songsiriritthigul, S. Lapboonrueng, P. Pechsrichuang, P. Pesatcha, M. Yamabhai, Expressão e caraterização da quitinase (ChiA) de Bacillus licheniformis, adequada para a bioconversão de resíduos de quitina, Bioresour. Technol. 101 (2010) 4096-4103.

❖ Chakrabortty S, Bhattacharya S, Das A. Otimização dos parâmetros do processo para a produção de quitinase por um isolado marinho de Serratia marcescens. Int J Pharma Bio Sci 2012;2:8-20.

❖ Chang WT, Chen YC, Jao CL. Atividade antifúngica e melhoria do crescimento das plantas por Bacillus cereus cultivado em resíduos de quitina de marisco. BioresourTechnol 2007;98 Suppl 6:1224-30.

❖ Chigaleichik AG, Pirieva DA, Rylkin SS. Chitinases from Serratia marcescens Prikladnaya. BiochimMikrobiol 1976;12:581-6.

❖ Das MP, Rebecca LJ, Sharmila S, Anu, Banerjee A, Kumar D. Identificação e otimização das condições culturais para a produção de quitinase por Bacillus amyloliquefaciens SM3. J Chem Pharm Res 2012;4 Suppl 11:4816-21.

❖ Felse PA, Panda T. Production of microbial chitinases-a revisit. Bioprocess Eng 2000;23 Suppl 2:127-34.

❖ Ferrer J, Paez G, Marmol Z, Ramones E, Garcia H, Forster CF. Hidrólise ácida de resíduos de casca de camarão e produção de proteínas unicelulares a partir do hidrolisado. BioresourTechnol 1996;57 Suppl 1:55-60.

❖ Frandberg E. Compostos antifúngicos de bactérias quitinolíticas de ecossistemas de cereais. Dissertação de Doutoramento; 1997.

❖ G. Menghiu, V. Ostafe, R. Prodanovic, R. Fischer, R. Ostafe, Biochemical characterization of chitinase A from Bacillus licheniformis DSM 8785 expressed in Pichia pastoris KM71H, Protein Expr. Purif. 154 (2019) 25-32.

❖ G.L. Miller, Use of dinitrosalicylic acid reagent for determination of reducing sugar, Anal. Chem. 31 (1959) 426-428.

❖ H. Laribi-Habchi, A. Bouanane-Darenfed, N. Drouiche, A. Pauss, N. Mameri, Purificação, caraterização e clonagem molecular de uma quitinase extracelular da estirpe LHH100 de Bacillus licheniformis isolada de amostras de águas residuais na Argélia, Int. J. Biol. Macromol. 72 (2015) 1117-1128.

❖ Henrissat B, Bairoch A. New families in the classification of glycosyl hydrolases based on amino acid sequence similarities. Biochem J 1993;293:781-8.

❖ Henrissat B. Classification of glycosyl hydrolases are based on amino acid sequence similarities. Biochem J 1991;280:309-16.

❖ J. Sambrook, E. Fritsch, T. Maniatis, Molecular Cloning: A Laboratory Manual, segunda ed., Cold Spring Harbor Laboratory Press, Cold Spring Harbor, NY, EUA, 1989, pp. 23-38.

❖ K. Bouacem, H. Laribi-Habchi, S. Mechri, H. Hacene, B. Jaouadi, A. Banana-Darenfed, Biochemical characterization of a novel thermostable chitinase from Hydrogenophilushirschii strain KB-DZ44, Int. J. Biol. Macromol. 106 (2018) 338-350.

❖ K.I. Han, B.B. Patnaik, Y.H. Kim, H.J. Kwon, Y.S. Han, M.D. Han, Isolamento e caraterização de estirpes de Bacillus e Paenibacillus produtoras de quitinase a partir de camarão salgado e fermentado, Acetesjaponicus, J. Food Sci. 79 (2014) M665-M674.

❖ Keddie RM, Shaw S, Kurthia G. In: Bergey's Manual of Systematic Bacteriology. Sneath PH, Mair N, Sharpe ME, Holt JG. Eds. Baltimore: Williams and Wilkins; 1986;2:1255-8.

❖ Krishnan HB, Kim KY, Krishnan AH. A expressão de um gene de quitinase de Serratia marcescens em Sinorhizobiumfredii USDA191 e Sinorhizobiummeliloti RCR2011 impede a nodulação de soja e alfafa. Mol Plant Microbe Interact 1999;12 Suppl 8:748-51.

❖ L. Ray, A.N. Panda, S.R. Mishra, A.K. Pattanaik, T.K. Adhya, M. Suar, V. Raina, Purificação e caraterização de uma quitinase extracelular termo-alcalina estável e tolerante a metais de Streptomyces chilikensis RC1830 isolada de um sedimento de lago de água salobra, Biotechnol. Rep. 21 (2019), e00311.

❖ M. Kumar, A. Brar, V. Vivekanand, N. Pareek, Otimização do processo, purificação e caraterização de uma nova quitinase ácida e termoestável de Humicolagrisea, Int. J. Biol. Macromol. 116 (2018) 931-938.

❖ M. Pan, J. Li, X. Lv, G. Du, L. Liu, Molecular engineering of chitinase from Bacillus sp. DAU101 for enzymatic production of chitooligosaccharides, Enzym. Microb. Technol. 124 (2019) 54-62.

❖ M. Yahiaoui, H. Laribi-Habchi, K. Bouacem, K.-L. Asmani, S. Mechri, M. Harir, H. Bendif, R. Aïssani El Fertas, B. Jaouadi, Purificação e caraterização bioquímica de uma nova quitinase tolerante a solventes orgânicos da estirpe Paenibacillustimonensis LK-DZ15 isolada das Montanhas Djurdjura em Kabylia, Argélia, Carbohydr. Res. 483 (2019) 107747.

❖ M.M. Bradford, A rapid and sensitive method for the quantitation of microgram quantities of protein utilizing the principle of protein-dye binding, Anal. Biochem. 72 (1976) 248-254.

❖ Matsushima R, Ozawa R, Uefune M, Gotoh T, Takabayashi J. A variação intra-específica do ácaro kanzawa afecta de forma diferente a resposta defensiva induzida em plantas de feijão-lima. J ChemEcol 2006;32 Suppl 11:2501-12.

❖ P.P. Loni, J.U. Patil, S.S. Phugare, S.S. Bajekal, Purificação e caraterização da quitinase alcalina de Paenibacilluspasadenensis NCIM 5434, J. Basic Microbiol. 54 (2014) 1080-1089.

❖ Prabavathy VR, Mathivanan N, Sagadevan E, Murugesan K, Lalithakumari D. A fusão de protoplastos intra-estirpe melhora a atividade da carboximetilcelulase em Trichoderma reesei. Enzyme MicrobTechnol 2006;38 Suppl 5:719-23.

❖ PremAnand, Chellaram C, Shanthini F. Isolamento e rastreio de bactérias marinhas que produzem antibióticos contra agentes patogénicos humanos. Int J Pharma BiosciTechnol 2011;2:1- 15.

❖ S. Affes, H. Maalej, I. Aranaz, N. Acosta, A. □ Heras, M. Nasri, Produção enzimática de derivados de quitosana de baixo Mw: caraterização e avaliação de atividades biológicas, Int. J. Biol. Macromol. 144 (2020) 279-288.

❖ S. Mohamed, K. Bouacem, S. Mechri, N.A. Addou, H. Laribi-Habchi, M.L. Fardeau, B. Jaouadi, A. BouananeDarenfed, H. Hac□ene, Purificação e caraterização bioquímica de uma nova endochitinase ácido-halotolerante e termoestável da estirpe Melghiribacillusthermohalophilus Nari2AT, Carbohydr. Res. 473 (2019) 46-56.

❖ S. Thamthiankul, S. SuanNgay, S. Tantimavanich, W. Panbangred, Chtinase from Bacillus thuringiensis subsp. pakistani, Appl. Microbiol. Biotechnol. 56 (2001) 395 - 401.

❖ Sambrook J, Russell DW. Clonagem molecular: um manual de laboratório. Vol. 1. 3ª ed . Cold Spring Harbor. NY: Cold Spring Harbor Laboratory; 2001;4:53,8:30-34.

❖ Shanmugaiah V, Mathivanan N, Balasubramanian N, Manoharan P. Otimização das condições culturais para a produção de quitinase por Bacillus laterosporous isolado do solo da rizosfera do arroz. Afr J Biotechnol 2008;7:2562-8.

❖ Skujins JJ, Pogieter HJ, Alexander M. Dissolution of fungal wallsby a Streptomycete- chitinase and glucannase. Arch BiochemBiophys 1965;111:358-64.

❖ Svitil AL, Chadhain S, Moore JA, Kirchman DL. Chitin degradation proteins produced by the marine bacterium Vibrio harveyi growing on different forms of chitin. Appl Environ Microbiol 1997;63 Suppl 2:408-13.

❖ U.K. Laemmli, Cleavage of structural proteins during the assembly of the head of bacteriophage T4, Nature 227 (1970) 680-685.

❖ Viterbo A, Haran S, Friesem D, Ramot O, Chet I. Antifungal activity of a novel endochitinase gene (chit36) from TrichodermaharzianumRifai TM. FEMS Microbiol Lett 2001;200 Suppl 2:169-74.

❖ Vyas PR, Deshpande MV. Hidrólise enzimática da quitina pelo complexo de quitinase de Myrothecium verrucaria e sua utilização para produzir SCP. J Gen ApplMicrobiol 1991;37:267.

❖ W.J. Jung, J.H. Kuk, K.Y. Kim, T.H. Kim, R.D. Park, Purificação e caraterização da quitinase de Paenibacillusilhnoisensis KJA-424, J. Microbiol. Biotechnol. 15 (2005) 274-280.

❖ W.K. Roberts, C.P. Selitrennikoff, As quitinases vegetais e bacterianas diferem na atividade antifúngica, J. Gen. Microbiol. 134 (1988) 169-176.

❖ Wang SL, Lin HT, Liang TW, Chen YJ, Yen YH, Guo SP. Recuperação de materiais quitinosos pela bromelaína para a preparação de materiais antitumorais e antifúngicos. BioresourTechnol 2008;99 Suppl 10:4386-93.

❖ Watanabe T, Kobori K, Miyashita K, Fujii T, Sakai H, Uchida M, et al. Identificação do ácido glutâmico 204 e do ácido aspártico 200 na quitinase A1 de Bacillus circulans WL-12 como resíduos essenciais para a atividade da quitinase. J BiolChem 1993;268:18567-72.

❖ X. Fu, Q. Yan, J. Wang, S. Yang, Z. Jiang, Purificação e caraterização bioquímica de uma nova quitinase ácida de Paenicibacillusbarengoltzii, Int. J. Biol. Macromol. 91 (2016) 973-979.

❖ X. Guo, P. Xu, M. Zong, W. Lou, Purificação e caraterização da quitinase alcalina de Paenibacilluspasadenensis CS0611, Chin. J. Catal. 38 (2017) 665-672.

❖ Zhang, Y. He, G. Wei, J. Zhou, W. Dong, K. Chen, P. Ouyang, Caracterização molecular de uma nova quitinase CmChi1 de Chitinolyticbactermeiyuanensis SYBC-H1 e sua utilização na produção de N-acetil-D-glucosamina, Biotechnol. Biofuels 11 (2018) 179.

8. APÊNDICE

MEIO PARA O ISOLAMENTO DE BACTÉRIAS

Composição do meio Agar Nutriente

Protease peptone	10g
Sodium chloride	10g
Yeast extract	6g
Agar	30g
Distilled water	1000ml

MEIO PARA REACÇÕES BIOQUÍMICAS
Carbohydrate fermentation media

Peptone	-	10g
Carbohydrate (glucose, lactose, sucrose, mannose, xylose, fructose, galactose, maltose)	-	5g
Sodium chloride	-	5g
Bromothymol blue/phenol red	-	0.018g
Distilled water	-	1000ml
pH	-	7.3

TESTES BIOQUÍMICOS

1) Indole

Tryptone	-	10g
Calcium chloride	-	1ml
Sodium chloride	-	5g
Distilled water	-	1000ml
pH	-	7

2) Methyl Red

Methyl red	-	0.1g
Ethyl alcohol	-	300ml
Distilled water	-	200ml

Dissolve methyl red in 95% ethyl alcohol and dilute to 500ml of distilled water

3) Voges – Proskauer test

Peptone	-	7g
Dextrose	-	5g
Potassium phosphate	-	5g
Distilled water	-	1000ml
pH	-	6.9

4) Triple Sugar Iron Agar (TSI)

Peptone	-	15g
Protease-peptone	-	5g
Beef extract	-	3g
Yeast extract	-	3g
Lactose	-	10g
Sucrose	-	10g
Dextrose	-	1g
Sodium chloride	-	5g
Ferrous sulphate	-	0.2g
Sodium thiosulphate	-	0.3g
Phenol red (1%)	-	0.024g

Agar	-	20g
Distilled water	-	1000ml
pH	-	7.4

STAINING REAGENTS

1) Crystal violet

Solution A:

| Crystal violet | - | 2g |
| Ethyl alcohol (95%) | - | 20ml |

Solution B:

| Ammonium oxalate | - | 0.8g |
| Distilled water | - | 80ml |

2) Gram's Iodine

Iodine	-	1g
Potassium iodide	-	2g
Distilled water	-	300ml

3) Ethyl alcohol

| Ethyl alcohol | - | 95ml |
| Distilled water | - | 5ml |

4) Safranine

Safranine	-	2.5g
Ethyl alcohol	-	10ml
Distilled water	-	100ml

1) BIOCHEMICAL TEST REAGENTS

Barrits Reagent

Solution A:

Alpha – naphthol	-	5g
Ethanol, absolute	-	95ml

Dissolve alpha – naphthol in ethanol with constant stirring.

Solution B:

Potassium hydroxide	-	40g
Creatine	-	0.3g
Distilled water	-	1000ml

Dissolve potassium hydroxide in 75ml of distilled water. The solution becomes warm, then allow to cool to room temperature. Add creatine and stir to dissolve. Then, add the remaining water, kept in a refrigerator.

2) Hydrogen Peroxide (3%)

Hydrogen peroxide	-	3ml
Distilled water	-	100ml

3) Kovacs reagent

Paradimethylaminobenzaldehyde	-	5g
Amyl alcohol	-	75ml
Concentrated HCl	-	25ml

Dissolve p-dimethylaminobenzaldehyde in the amyl alcohol and then add HCl.

4) Methyl Red Reagent

Methyl Red	-	0.1g
Ethyl alcohol	-	300ml
Distilled water	-	200ml

Dissolve methyl red in 95% ethyl alcohol and dilute to 500ml with distilled water.

5) Tetra Methyl Paraphenylene Diamine Dihydrochloride

Tetra methyl paraphenylene diamine dihydrochloride	-	5g
Distilled water	-	50ml

yes
I want morebooks!

Buy your books fast and straightforward online - at one of world's fastest growing online book stores! Environmentally sound due to Print-on-Demand technologies.

Buy your books online at
www.morebooks.shop

Compre os seus livros mais rápido e diretamente na internet, em uma das livrarias on-line com o maior crescimento no mundo! Produção que protege o meio ambiente através das tecnologias de impressão sob demanda.

Compre os seus livros on-line em
www.morebooks.shop

Printed by Books on Demand GmbH, Norderstedt / Germany